Copyright© 2022 by Literare Books International.
Todos os direitos desta edição são reservados à Literare Books International.

**Presidente:**
Mauricio Sita

**Vice-presidente:**
Alessandra Ksenhuck

**Diretora executiva:**
Julyana Rosa

**Diretora de projetos:**
Gleide Santos

**Relacionamento com o cliente:**
Claudia Pires

**Capa:**
Ronis Augusto

**Projeto gráfico e diagramação:**
Candido Ferreira Jr.

**Revisão:**
Rodrigo Rainho e Ivani Rezende

**Impressão:**
Gráfica Paym

---

**Dados Internacionais de Catalogação na Publicação (CIP)**
**(eDOC BRASIL, Belo Horizonte/MG)**

A159e

Abrahão, Telma.
　　Educar é um ato de amor, mas também é ciência / Telma Abrahão. – São Paulo, SP: Literare Books International, 2022.
　　16 x 23 cm

　　ISBN 978-65-5922-413-5

　　1. Literatura de não-ficção. 2. Educação de crianças. 3.Psicologia infantil. I. Título.

CDD 371.72

**Elaborado por Maurício Amormino Júnior – CRB6/2422**

---

Literare Books International.
Rua Antônio Augusto Covello, 472 – Vila Mariana – São Paulo, SP.
CEP 01550-060
Fone: +55 (0**11) 2659-0968
site: www.literarebooks.com.br
e-mail: literare@literarebooks.com.br

# DEDICATÓRIA

Aos adultos que fazem a sua parte para quebrar o ciclo da dor, herdado de várias gerações, e que buscam conhecimento para se relacionar, consigo e com o outro, com a empatia, a dignidade, o respeito e a compaixão que todo ser humano merece.

# PREFÁCIO

Os *rankings* de livros mais vendidos no Brasil sempre me despertaram interesse. Gosto de procurar entender, por meio dessas listas, os temas que estão interessando os brasileiros. Geralmente, não encontro muitas surpresas. Em setembro de 2020, porém, um *ranking* me deixou muitíssimo intrigada. Foi quando encontrei a obra *Pais que evoluem* na lista dos dez livros mais vendidos no país. Desde 2015, venho me dedicando aos estudos sobre parentalidade e nunca havia encontrado um título nacional nessa área de estudo entre as obras mais vendidas. Eu nunca havia ouvido falar sobre a autora, Telma Abrahão, e imediatamente quis comprar o livro. Depois da leitura, fiquei ansiosa para conhecer a especialista.

Biomédica por escolha e especialista em neurociência comportamental infantil por paixão, Telma consegue equilibrar com maestria teoria e prática. Em um país onde a maior parte dos pais ainda acredita que criar filhos é um ato totalmente intuitivo – como se cada mulher já nascesse pronta para ser mãe e cada homem nascesse preparado para se tornar pai –, ela consegue despertar em seus leitores a vontade genuína de se reeducar para melhor educar. Um dos grandes acertos em sua escrita é o de usar uma linguagem que transforma assuntos difíceis de serem compreendidos em uma leitura de fácil compreensão (e esse não é o único!). Não por acaso, seu primeiro livro tornou-se, em poucas semanas, um *bestseller* nacional.

Agora, Telma Abrahão nos surpreende novamente com a obra *Educar é um ato de amor, mas também de ciência*. Diferentes estudos no campo da neurociência já provaram, ao longo das décadas, que as relações entre pais e filhos na infância definem características que as crianças vão carregar para a vida adulta, moldando o tipo de pessoas que vão se tornar no futuro. Estudiosa dessa área, Telma conseguiu em seu segundo livro traduzir ciência sofisticada em aprendizado simples, fácil.

A primeira vez que eu a vi falando sobre neurociência para profissionais da área da saúde e da educação que atuam como educadores parentais, durante o 2º Congresso Internacional de Educação Parental, em novembro de 2021, não tive dúvida de que seu conteúdo precisava chegar a milhares de pais e mães. E de que ela era a escritora certa para os tocar sobre a necessidade vital de buscarem mais conhecimento sobre o processo de desenvolvimento dos seus filhos.

Telma tem esse dom, o da tradução de conceitos complexos. Você quer entender com simplicidade a neurociência que existe por trás dos desafios da relação entre pais e filhos? Aventure-se pelas próximas páginas. Será uma leitura reveladora e transformadora. Ao final do último capítulo, estará se perguntando por que não explicaram tudo isso a você muito antes.

Escolhi o jornalismo como profissão porque acredito imensamente no poder da informação: ela salva vidas. E as informações que estão neste livro, não tenho dúvida, têm o poder de salvar muitos adultos do futuro. "Quando a gente muda o início da história, a gente muda a história toda" – essa citação que adoro é da cineasta Estela Renner, diretora do premiado documentário *O Começo da Vida*. Eu, assim como ela e Telma Abrahão, acredito que a transformação da sociedade começa em casa, pela transformação das famílias.

Não se trata de melhorar o mundo para os nossos filhos, mas, sim, de melhorar os nossos filhos para o mundo. Nas próximas páginas, Telma colocará a ciência à disposição de pais e mães para tornar a missão de criar filhos mais assertiva e segura. Educar é um ato de amor, certamente. Mas, como este livro prova, também é ciência!

**Ivana Moreira**

Jornalista e diretora de conteúdo no Grupo Bandeirantes de Comunicação, fundadora da plataforma Canguru News, coordenadora editorial de diferentes coletâneas sobre educação parental e organizadora do Congresso Internacional de Educação Parental.

# INTRODUÇÃO

**Educar é um ato de amor, mas também é ciência.**

Neste momento, sentada aqui em frente ao meu computador para começar o primeiro capítulo deste livro, me pego pensando em como levar, de modo fácil, agradável e compreensível todo o conhecimento que adquiri sobre o comportamento humano, especialmente o infantil, nos últimos anos da minha vida.

Este livro nasce da evolução dos meus estudos sobre a relação pais e filhos, baseados em neurociência do desenvolvimento infantil. Meu primeiro livro, *Pais que evoluem*, foi sobre as bases de uma educação respeitosa, sobre se autoconhecer, sobre a importância de revisitarmos nossa infância para então estarmos aptos a mudar padrões enraizados, adquiridos lá atrás, e aprendermos a fazer diferente.

Eu sei que pais amam dicas e que ter alguém pronto para trazer todas as respostas para os conflitos vividos com os filhos ou com as crianças que você se relaciona seria um sonho realizado, mas aprender a se relacionar com uma criança sem agressividade, ameaças ou violência é bem mais desafiador do que isso.

Este livro não é sobre dicas. Também não é sobre alguma receita milagrosa para educar filhos obedientes. Ele é sobre seres humanos. Sobre nossa vulnerabilidade. É sobre nos lembrar como ousamos viver sem considerar a potência e a beleza da nossa biologia humana, e especialmente sobre ter

9

alguma noção de como funciona um órgão muito importante e que comanda grande parte da nossa vida: o cérebro.

Pensamos no trabalho, nas tarefas do dia a dia, nos filhos, no que vamos fazer de almoço, nos boletos que temos para pagar, mas nunca nos perguntamos:

*Como alimentei meu cérebro e corpo hoje?*

*Pensei em coisas boas?*

*Como anda meu ambiente familiar?*

*E como vai a qualidade das relações com aqueles que amo?*

*Foquei nas novas habilidades que preciso desenvolver para me tornar uma pessoa mais empática, humana ou produtiva?*

*Parei para avaliar se o grau de estresse no meu dia a dia está afetando a minha qualidade de vida, meus relacionamentos ou a minha memória?*

Provavelmente não.

E por que grande parte das pessoas vive assim?

Na maioria das vezes, por hábito, condicionamento e repetição inconsciente de padrões aprendidos que estão englobados dentro de três pilares importantes, que sempre abordarei, aonde quer que eu vá: tomada de consciência, conhecimento e autoconhecimento.

Chamo esses três pilares de tripé da Educação Neuroconsciente. "Mas Telma, afinal, do que se trata a Educação Neuroconsciente?". Recebo essa pergunta em minhas redes sociais, palestras e *workshops* com frequência.

Educação Neuroconsciente não é um método ou uma fórmula mágica para educar os filhos, mas, sim, o nome que cunhei para nomear a forma com que nos relacionamos conosco, com os outros e especialmente com as crianças.

É uma abordagem que nasceu após longos anos de estudo, totalmente baseada em ciência e neurociência, que respeita a nossa humanidade e que, hoje, concluo ser necessária para educarmos seres humanos que transformarão seu grande potencial biológico em saúde, competência pessoal, social, emocional, força e prosperidade.

Educação Neuroconsciente não é sobre mudar o outro, mas sobre entender o outro. É sobre sair da zona de conforto, nada confortável, de agir no modo instintivo, automático, e assumir o controle de nossas ações e reações em prol de um bem maior: a construção de relacionamentos humanos emocionalmente saudáveis.

Um caminho que considera e respeita profundamente a essência da nossa biologia humana, que nos ensina a sair da dor que as feridas de infância possivelmente causaram, para aprender a se relacionar, de forma positiva, harmoniosa e consciente, primeiramente consigo e, depois, com o outro.

Percorrer esse caminho, como adultos, exige uma grande tomada de consciência para revisitar padrões aprendidos e escolher mudá-los em nome do amor. Amor por si, por essa e pelas próximas gerações.

Inúmeras pesquisas científicas foram feitas nos últimos anos demonstrando como o papel de ser pai ou mãe envolve mecanismos que usam as partes mais primitivas e inconscientes do nosso cérebro, mas também as funções mais executivas e racionais.

Por volta de 1990, alguns cientistas começaram a pesquisar hipóteses sobre como a forma em que os pais se relacionavam com seus filhos impactava o desenvolvimento de seus cérebros (SCHORE, 1994). Hoje sabemos que isso é um fato comprovado pela ciência.

Mas ainda aqui, na introdução deste livro, eu quero compartilhar com você como essa jornada de querer entender o ser humano começou em minha vida. Voltemos no tempo para quando eu ainda era uma criança curiosa e questionadora sobre a vida.

Desde menina, eu queria entender como funcionava o corpo humano. Pensava: "Como entender o mundo e as relações sem entender como funciona o meu corpo primeiro?".

Esse tipo de questionamento não fazia sentido para as pessoas que conviviam comigo durante a infância e muito menos quando feito por uma criança. Estamos falando de mais de 30 anos atrás, um tempo em que autoconhecimento e conhecimento sobre o comportamento humano ainda eram assuntos pouco abordados, especialmente nas famílias.

Ok, eu não tinha respostas para minha pergunta, mas as busquei bravamente ao longo dos meus anos de vida.

Eu queria entender o caminho que o alimento ingerido percorreria em meu corpo. Também queria entender como meus pensamentos e sentimentos afetavam as experiências que tinha, porque era sempre muito evidente que minha forma de agir e pensar me traziam resultados positivos ou negativos.

Eu me lembro como se fosse hoje do dia em que acompanhei meu pai a um laboratório de análises clínicas para buscar um resultado de exame de sangue. Eu, com aproximadamente 12 anos de idade, adolescente e louca para descobrir o que eu queria ser quando crescesse.

Quando meu pai abriu o envelope para ver o resultado de seu exame de rotina, ele imediatamente falou: "Está tudo bem com o meu resultado".

Era um hemograma, e nele constava o número de hemácias que meu pai possuía por milímetro cúbico de sangue. Eu logo perguntei:

"Mas como alguém conseguiu contar essas hemácias? E como elas são produzidas? Para que elas servem?".

Meu pai, com toda a paciência que sempre teve comigo, me respondeu: "Não sei, filha, mas meu resultado está dentro do padrão normal, então ótimo".

Mas eu não me conformava com isso, como pode estar ótimo se ele não sabia como aqueles profissionais chegaram àquele resultado e nem para que serviam suas hemácias? Como ter certeza de que aqueles números estavam corretos? E, pior ainda, como não ficar curioso para saber como se contam as hemácias ou o que acontece se elas não forem produzidas em número suficiente?

Naquele momento, eu decidi que não queria viver sem saber as respostas do que acontecia com os trilhões de células que habitavam e se multiplicavam em meu corpo. Eu queria entender o funcionamento dessas células e das reações que criavam a saúde ou a doença na humanidade.

Eu me dirigi até o balcão a uma funcionária de cabelos pretos, alta, sorridente, de roupa branca, e perguntei: "Moça, qual profissão precisa ter para realizar esses exames de sangue?".

Ela, educadamente, me respondeu: "Para você assinar o resultado dos exames, precisa ser um médico patologista".

Pronto. Estava decidido. Voltei rapidamente para o meu pai com a notícia:

"Pai, vou fazer Medicina, me especializar em patologia clínica, aprender a contar hemácias e saber como funcionam as células do nosso corpo".

E ele, calmamente, respondeu: "Muito bom, filha, mas com sua idade, você ainda pode mudar de ideia".

Ok.

Cinco anos se passaram, e eu continuava querendo ser médica, até que um dia, na escola, no terceiro colegial, lendo um guia de profissões para ajudar o aluno a se inscrever no vestibular, eu descobri que existia uma profissão chamada Biomedicina.

Nela, eu precisaria estudar durante quatro anos, período integral, e estaria apta não somente a fazer exames, mas também a ter o meu próprio laboratório.

Eu tinha 17 anos, fiz as contas do tempo que precisaria entre estudar e poder matar todas as dúvidas que tinha sobre o corpo humano, e cheguei à conclusão de que quatro anos em período integral numa faculdade de Biomedicina me levariam mais rápido aonde eu queria chegar do que cursando uma faculdade de medicina. E assim foi. Eu me formei em Biomedicina, com ênfase em patologia clínica, aos 21 anos de idade.

Mas agora você deve estar se perguntando: o que essa história tem a ver com Educação Neuroconsciente ou com educação dos filhos, não é mesmo?

E eu só tenho uma coisa para dizer: tem muito. Só que eu demorei praticamente toda a minha existência para descobrir. Sabe aquela pergunta que eu me fazia quando criança? "Como entender o mundo e as relações sem entender como funciona o meu corpo primeiro?".

As respostas que eu buscava estão aqui, nas palavras e nos capítulos que você lerá a seguir neste livro.

Vamos entender como os trilhões de células que temos em nosso corpo são profundamente impactadas pelas nossas relações e pela qualidade do ambiente em que vivemos, especialmente no início da vida. Tudo isso em longo prazo reflete diretamente em nossa saúde física, mental e emocional também.

Espero que trilhar esse incrível caminho de encontro e descoberta de sua própria humanidade seja profundamente revelador e prazeroso para você, assim como foi para mim.

E antes de seguirmos juntos nas próximas páginas deste livro, eu quero que saiba que você não é um pai ou mãe ruim se grita, ameaça ou se descontrola com o seu filho. Seus gritos, descontroles e ameaças significam que você possui necessidades não atendidas, talvez um alto nível de estresse, ou ainda habilidades emocionais não desenvolvidas e feridas de infância não ressignificadas ou curadas.

Você é um ser humano tentando sobreviver com as "ferramentas" que possui, mas saiba que não nascemos apenas para sobreviver, nascemos para alcançar a prosperidade nos pilares importantes de nossa vida.

Somos como uma semente que, quando jogada em solo fértil, dá muitas flores e frutos, e nesta leitura você vai adquirir um conhecimento transformador para o ajudar a "adubar" o solo da sua vida e daqueles que o rodeiam.

Desejo que esse conhecimento possa iluminar o seu destino e de todos daqueles que vieram e ainda virão a partir de você, pois a tomada de consciência, o conhecimento e o autoconhecimento juntos o farão entender que: educar é um ato de amor, mas também é ciência.

# SUMÁRIO

**Dedicatória** | p. 3

**Prefácio** | p. 5

**Introdução** | p. 9

**Capítulo 1** - A importância do início da vida pelo olhar da biologia humana | **p. 19**

**Capítulo 2** - A origem do comportamento humano | **p. 47**

**Capítulo 3** - A construção da nossa "casa" | **p. 65**

**Capítulo 4** - Nosso corpo - Um avançado sistema de segurança | **p. 85**

**Capítulo 5** - A importância da regulação emocional | **p. 103**

**Capítulo 6** - O estresse e o esgotamento parental | **p. 133**

**Capítulo 7** - O impacto da violência na infância ao longo da vida adulta | **p. 145**

**Capítulo 8** - Traumas de infância e a saúde do adulto | **p. 165**

**Capítulo 9** - Como os pais interpretam a própria infância impacta a forma de olharem para os filhos | **p. 199**

**Capítulo 10** - Educação Neuroconsciente como um novo caminho para educar | **p. 219**

**Referências** | **p. 236**

Capítulo 1

# A IMPORTÂNCIA DO INÍCIO DA VIDA PELO OLHAR DA BIOLOGIA HUMANA

*Somos mamíferos. E uma espécie em que o cérebro leva mais tempo para se desenvolver e amadurecer.*

As vacas, os cavalos e até os cachorros nascem e logo já estão andando e correndo atrás de suas mães. Isso não acontece com os bebês humanos, porque quando nascemos nossos órgãos estão praticamente todos prontos, mas o nosso cérebro ainda não.

O cérebro de um ser humano nasce com a parte primitiva, aquela parte que vai garantir a nossa sobrevivência, pronta para agir e proteger a nossa vida, por isso choramos, espernamos e gritamos quando sentimos fome, medo, sono ou frio.

É como nosso cérebro avisa quando a vida pode estar em ameaça, e a única resposta que podemos ter enquanto bebês é esta: chorar para chamar a atenção de nossa mãe e comunicar que precisamos dela para nos cuidar, proteger, alimentar e garantir a nossa sobrevivência.

Não sabemos falar, nem andar, nem compreender o mundo que espera por nós, mas o instinto de sobrevivência que carregamos em nosso DNA se encarrega de nos fazer lutar pelo que precisamos.

Levamos quase um ano para andar, vários anos para conseguir falar corretamente e muitos outros anos para aprender a tomar boas decisões, pois aquela parte pensante, que analisa, raciocina e prevê as consequências de nossas atitudes, chamada de córtex pré-frontal, só termina de amadurecer por completo por volta dos 25 anos de idade.

A questão é que aqui já começam os grandes equívocos perpetuados pela humanidade, pois nos disseram que, quando pegamos um bebê no colo, todas as vezes que ele chorar, deixaremos essa criança mal-acostumada ou mimada.

Pedem-nos para negar e ignorar a única forma que um bebê possui de se comunicar e que foi biologicamente programada para garantir a nossa existência neste planeta. Quantos bebês não foram abandonados em caixas de sapato por suas mães, mas foram encontrados por outras pessoas, simplesmente porque choravam?

Sim, o choro salva vidas. A função do choro é se comunicar com um adulto cuidador, aquele designado para nos proteger e manter a sobrevivência de nossa espécie, especialmente no início da vida. E ele precisa ser atendido.

O bebê possui necessidades físicas por segurança, proteção e alimento. E necessidades emocionais por conexão, afeto e pertencimento. E as comunica como consegue. A única forma possível de comunicação de um ser humano no início da vida é um conceito popular que precisamos rever urgentemente.

E os adultos ignoram o choro de um bebê por serem maus? Certamente não.

Mas, sim, porque aqui falta um daqueles três pilares que mencionei no início do livro e, nesse caso, o pilar que falta é o do conhecimento. Não sabemos como a biologia humana impacta nossa vida, ninguém nos ensinou na escola, não aprendemos com nossos amigos, nem nas reuniões de família e, muitas vezes, nem na universidade.

Inclusive muitos médicos, principalmente pediatras, por falta de conhecimento sobre o comportamento infantil, dão esse conselho até os dias de hoje: "Deixe seu bebê chorando no berço para não ficar mal-acostumado com o seu colo". É algo fortemente enraizado na educação autoritária, a ideia de que precisamos nos proteger e nos defender do quão terrível uma criança pode se tornar se dermos o colo, a segurança e o amor que ela, na verdade, necessita para sobreviver e se desenvolver de forma emocionalmente saudável.

Mas o que acontece no cérebro de um bebê quando ele não tem suas necessidades por segurança, proteção, aconchego ou alimento atendidas?

Os "alarmes" internos são disparados. É como se uma sirene disparada pelo seu sistema nervoso avisasse para o corpo que a vida pode estar em ameaça:

*"Ameaça à vida."*

*"Ninguém me ouve."*

*"Grite mais alto."*

*"Tenho fome."*

*"Tenho medo."*

*"Ninguém me dá colo."*

*"Não tenho como sair deste berço."*

Então o cérebro primitivo desse bebê, cientificamente chamado de sistema límbico, que envolve especialmente a amígdala cerebral, emite uma ordem para que suas glândulas adrenais, anexadas ao rim, iniciem o processo de produção de cortisol, o hormônio do estresse.

O cortisol e outros hormônios do estresse colocam seu pequeno corpo em estado de alerta. O coração acelera, a respiração fica alterada, o sangue é deslocado para a periferia do corpo e o prepara para uma situação difícil, talvez, de vida ou morte. Para um bebê que nasceu programado para chorar, como única forma de comunicar suas necessidades físicas e emocionais para seus cuidadores, não ter uma resposta nesse momento é interpretado pelo corpo como ameaça à vida.

Aquela velha frase que nossos avós diziam: "Deixa o bebê chorar que é bom para expandir os pulmões" se explica no parágrafo anterior. A expansão pulmonar que ocorre não é benigna, mas, sim, uma resposta causada pelo estresse, para que a criança chore cada vez mais alto e seja atendida por seu cuidador.

Um bebê precisa aprender a confiar em seu cuidador. Ele precisa ter certeza de que terá alguém para suprir suas necessidades físicas e emocionais sempre que necessário, para que seu corpo se sinta seguro e se desenvolva como o programado. Disso, depende o desenvolvimento saudável de seu cérebro, de seu corpo e de sua saúde mental e emocional.

A única mensagem que emitimos para um bebê que é deixado sozinho chorando em um berço é:

*"O meu choro não é importante."*

*"Não adianta gritar, ninguém me ouve, ninguém vem."*

E, então, existem dois caminhos. Ou ele chora cada vez mais forte na tentativa de ser ouvido e levado em consideração pelos seus pais ou ele se acostuma ao fato de não ser atendido e desiste de chorar. E nenhuma das duas opções é positiva.

## DESAMPARO APRENDIDO

Quando um bebê é sempre deixado no berço chorando sozinho sem a resposta atenciosa de um adulto cuidador, ele aprende que chorar não adianta e, por isso, para. Não porque suas necessidades físicas ou emocionais foram atendidas, mas porque desiste de esperar que alguém venha.

O psicólogo e pesquisador Martin Seligman fez vários estudos sobre isso na década de 1970 e criou a Teoria do Desamparo Aprendido.

O desamparo aprendido é um estado que ocorre depois que uma pessoa passou por uma situação estressante repetidamente. Ela passa a acreditar que é incapaz de controlar ou mudar a situação, então não tenta mais, mesmo quando as oportunidades de mudança se tornam disponíveis.

O desamparo aprendido pode começar muito cedo na vida. Bebês que sofrem de privação materna ou passam por cuidados inadequados estão em risco de desamparo aprendido devido à falta de respostas dos adultos às suas ações, e esse desamparo, quando frequente, pode ser indicativo de causar ansiedade e depressão em crianças, adolescentes e adultos.

Seu filho pode desenvolver a expectativa de que eventos futuros serão tão incontroláveis quanto os passados. Essencialmente, ele pode sentir que não há nada que possa fazer para mudar o resultado de um evento, então diz a si mesmo que não adianta nem tentar.

Esse conceito é muito importante porque ajuda a explicar diversos sintomas, presentes especialmente em quadros de depressão. Por exemplo, quando uma pessoa diz "não há nada a fazer", "nada do que eu faço dá certo" ou "não adianta nem tentar", que são expressões de possíveis sentimentos causados por situações de desamparo experimentadas no passado.

Para comprovar sua teoria, Seligman fez um estudo experimental com seus próprios cães e depois esse estudo foi replicado em seres humanos.

Seligman separou seus cães em dois grupos. Um dos grupos foi colocado em uma jaula na qual o chão estava conectado a uma corrente elétrica, que disparava de tempos em tempos pequenos choques de baixa intensidade. O outro grupo foi colocado em uma jaula idêntica, porém havia um dispositivo onde eles conseguiam desligar o sistema que provocava os pequenos choques facilmente.

Assim o segundo grupo podia desligar os choques, enquanto o primeiro grupo precisou conviver com o incômodo. Após um período, Seligman mudou-os de ambiente, colocando-os em jaulas, com o mesmo sistema de choques, mas com uma possibilidade de os cães mudarem de ambiente facilmente.

Enquanto o primeiro grupo, que não podia controlar os choques, simplesmente permaneceu na jaula, o segundo grupo, que conseguia desligar os choques, mudou de ambiente e escapou do incômodo causado por aqueles choques.

A conclusão foi que o primeiro grupo aprendeu que não podia fazer nada e se acostumou tanto com aquela situação que, quando transportado para outro local, com o mesmo incômodo, e já havia uma solução, a solução não foi mais buscada. Os cães que ficaram no local onde não podiam desligar os choques ficaram tristes, comiam pouco, não brincavam e nem buscavam se relacionar com outros cães.

O experimento foi replicado com seres humanos, mas usando ruído alto no lugar de choques elétricos, e produziu resultados semelhantes.

Um grupo podia se livrar do barulho rapidamente, apertando um botão e desligando o som, enquanto o outro grupo não podia fazer nada e tinha que suportar o barulho alto.

Depois de um período no primeiro ambiente, os dois grupos foram levados para outro local. O primeiro grupo foi levado a um ambiente em que havia uma alavanca, que também desligava o som. O segundo grupo, que não podia desligar o som no primeiro ambiente, também foi levado para uma sala com uma alavanca que podia interromper o barulho. Porém, como na primeira situação, na segunda sala, embora tivesse uma alavanca para desligar o som, ninguém do grupo tentou saber qual era a utilidade daquela alavanca.

O que esse experimento com humanos demonstra, assim como o experimento com os cães de Seligman, é que uma situação que traz um estímulo aversivo é suficiente para que se acostumem com a situação e a considerem imutável, como se não fosse mais possível mudá-la ou não valesse a pena nem tentar, então o desânimo e o conformismo passam a ser as únicas alternativas.

Uma pessoa pode passar pelo desamparo aprendido não somente na infância, mas também em relacionamentos abusivos com os pais ou o cônjuge, por exemplo, e acreditar que não há nada a ser feito para mudar a própria realidade.

## QUANDO O DESAMPARO APRENDIDO COMEÇA NA INFÂNCIA

Quando os cuidadores não respondem adequadamente à necessidade ou ao pedido de ajuda de uma criança, ela pode aprender que não tem como mudar a situação. Se isso ocorrer regularmente, o estado de desamparo aprendido tende a persistir na idade adulta.

Crianças com histórico de abuso e negligência prolongados, por exemplo, podem desenvolver desamparo aprendido e sentimentos de impotência.

As características do desamparo aprendido em crianças incluem:

*Baixa autoestima;*

*Não pedir ajuda mesmo diante de problemas;*

*Baixa motivação;*

*Baixas expectativas de sucesso;*

*Falta de persistência;*

*Atribuição de sucesso a fatores fora de seu controle, como sorte.*

As crianças podem superar o desamparo aprendido desenvolvendo a segurança de que são amadas e importantes dentro de sua família. Entre os muitos fatores que podem contribuir para o sucesso dessa superação, estão: o apego seguro aos cuidadores, o afeto recebido, o humor, brincadeiras e a construção da autonomia.

## NASCEMOS PRONTOS PARA NOS CONECTAR

Seres humanos nascem prontos para a conexão. A maneira como fomos tratados na infância tem efeitos contínuos e de longo prazo no funcionamento do nosso corpo.

Os efeitos de nossas experiências vividas na infância podem desencadear uma cascata de mudanças epigenéticas, cognitivas e fisiológicas, que trazem consequências positivas ou negativas ao longo da vida.

O experimento do rosto imóvel desenvolvido pelo Dr. Edward Tronick na década de 1970 é um estudo poderoso que mostra nossa necessidade de conexão desde muito cedo na vida.

Esse experimento forneceu uma visão de como as reações dos pais podem afetar o desenvolvimento emocional de um bebê e nos dá uma visão do que acontece com a criança quando a conexão entre pais e filhos não ocorre.

Nesse estudo, mãe e filho se sentaram um de frente para o outro. A mãe começa brincando com seu bebê, sorrindo e conversando com ele. Momentos depois, ela se afasta. O próximo passo é que a mãe pare de se comunicar e mostre um rosto imóvel ou uma falta de resposta ao bebê por alguns minutos.

A parte interessante desse experimento não são as ações da mãe, mas, sim, a reação de seu bebê. No começo, existe um bebê sorridente e feliz que está se envolvendo com sua mãe e fazendo movimentos e sons para se comunicar com ela e respondendo às interações.

Uma vez que a parte do rosto imóvel do experimento começa, o bebê a princípio parece confuso. Ele tenta usar todas as suas habilidades para conseguir chamar a atenção e ter alguma resposta de sua mãe. O bebê olha ao redor da sala, tenta sorrir e apontar. À medida que suas tentativas de se conectar continuam a ser ignoradas por sua mãe, começa uma grande demonstração de angústia e frustração por meio de choros e gritos.

O bebê, nesse experimento, perdia o controle. Seu sistema nervoso central ficava tão sobrecarregado que ele entrava em colapso fisicamente. Ele também mordia a própria mão, o que era uma tentativa de autorregulação emocional. No final do experimento, o bebê se mostrava retraído e sem esperança, não tentando mais chamar a atenção de sua mãe.

Após a parte do rosto imóvel do experimento, quando a mãe voltava a interagir com ele, a alegria do reencontro e o alívio eram claros na face do bebê, que era rapidamente capaz de regular suas emoções quando a mãe estava novamente presente.

O rosto imóvel é um exemplo das ocorrências cotidianas comuns que todos os pais experimentam quando precisam terminar de preparar uma refeição ou dar atenção a eventos do dia a dia. Ter um pai ou mãe não responsivo não é um problema se essa falta de atenção acontece ocasionalmente, no entanto, se ocorrer por períodos frequentes e mais longos, pode ter um impacto negativo no desenvolvimento de bebês e crianças.

Importante ressaltar que os pais e não somente as mães são importantes. Os bebês reagem com a mesma força ao rosto imóvel de seus pais. Eles demonstram os mesmos comportamentos de busca de conexão com o pai e com as mães. Os pais muitas vezes são deixados de lado nesse tipo de pesquisa e é importante que os pais entendam o quanto são importantes na vida de seus filhos.

Esse experimento demonstra como todos nós somos vulneráveis às reações emocionais ou não emocionais das pessoas que estão próximas. Demonstra como os bebês que estão apenas aprendendo sobre seu mundo tentam buscar a conexão.

Antigamente se pensava que os bebês eram incapazes de perceber as emoções. No entanto, neste experimento, eles têm uma reação clara à falta de conexão emocional de suas mães e pais. Os bebês não são apenas capazes de responder passivamente às interações dos adultos, mas também estão ativamente engajados e moldando a interação social com os adultos em suas vidas.

## QUANDO ESSA DESCONEXÃO ACONTECE POR LONGOS PERÍODOS

Para muitos pais e mães, pode ser difícil demonstrar emoções. Se teve pais que não se conectavam emocionalmente com você, pode repetir esse comportamento com seus próprios filhos. O uso de drogas, álcool, por pais que sofrem de depressão grave ou outra doença mental, também pode causar dificuldades para se conectar com os filhos. Celulares também se tornaram uma parte importante de nossas vidas e não é incomum ver pais totalmente desconectados de seus filhos enquanto usam o telefone.

A pesquisa do Dr. Edward Tronick mostrou que crianças que têm pais que não respondem às suas necessidades têm mais dificuldade em confiar nos outros, se relacionar com os outros e de regular suas próprias emoções.

## VEJA ALGUMAS PERGUNTAS QUE PODEM AJUDAR VOCÊ A PERCEBER SE TEM DIFICULDADES DE CONEXÃO EMOCIONAL

*Você se sente desinteressado pelo que seu filho sente?*

*Você acha difícil entender as necessidades emocionais do seu filho?*

*Você tem pessoas em sua vida que dizem que você não demonstra o que sente?*

*Havia emoções que eram inaceitáveis demonstrar em sua casa quando você era criança?*

*Você está tão exausto e sobrecarregado da vida que acha difícil sorrir ou falar com os outros?*

Se você percebeu que existe uma real dificuldade de se conectar com seu filho, busque tirar a "amadura de proteção" que aprendeu a usar para se defender da dor que outras pessoas poderiam lhe causar ao longo da vida.

Você não precisa se defender do seu filho, você pode e merece amá-lo e se conectar com ele sem medo de deixá-lo mimado ou "estragado". O que estraga não é o amor, mas, sim, a falta dele.

Se você teve um dos pais com problemas para se conectar a você, isso pode ter impactos contínuos em sua saúde mental, bem-estar geral e na forma de se relacionar com o seu filho. Olhar para os impactos de sua infância no seu comportamento e aprender a entender as reações e necessidades emocionais de seu filho pode ajudá-lo a se conectar com ele.

## A IMPORTÂNCIA DO APEGO SEGURO

Os primeiros três anos de vida são essenciais para a construção do apego seguro.

O tema central da teoria do apego, desenvolvida por John Bowlby, é que os pais cuidadores devem estar disponíveis para responder às necessidades de um bebê, com a finalidade de permitir que a criança desenvolva uma forte sensação de segurança. Assim a criança saberá que seu cuidador é confiável, o que cria uma base segura para essa criança explorar o mundo e se desenvolver.

Ao longo da história, as crianças que mantinham proximidade com uma figura de apego eram mais propensas a receber conforto e proteção e, portanto, mais propensas a sobreviver até a idade adulta.

Então, o que determina um apego bem-sucedido?

Uma mãe sintonizada é atenta às necessidades do seu bebê. Ela o alimenta quando sente fome, o cobre quando sente frio, apaga as luzes quando sente sono e, assim, seu bebê se sente seguro e seu corpo é inundado com hormônios que trazem prazer e bem-estar, como a ocitocina.

Se não sentíssemos as recompensas causadas pela alimentação, proteção e abrigo, provavelmente não sobreviveríamos, porque nossos instintos nos levam a lutar pelas nossas necessidades, mas também nos recompensam com sensação de prazer quando as suprimos.

No alívio do estresse causado pela fome, sede ou frio, sentimos prazer. Uma mãe conectada ao seu bebê cria um apego saudável com seu filho, gerando segurança e prazer para esse bebê, o que impacta positivamente no seu desenvolvimento cerebral e em sua regulação emocional.

A biologia do apego nos mostra que um bebê aprende a se sentir seguro pela repetição de experiências positivas com sua mãe ou cuidador primário. E apenas o fato de ver e sentir a presença de sua mãe já é o suficiente para trazer calma e bem-estar. Um bebê que estabelece um apego seguro com seus cuidadores desde o início da vida tende a ser mais calmo e se desenvolve melhor, pois um cérebro em segurança atinge uma potência maior para desenvolver suas capacidades cognitivas.

Mas se a mãe (ou o cuidador primário), em vez disso, está sob muito estresse para atender às necessidades de seu bebê, tem muitos filhos ou nenhum apoio, ou ainda se foi criada por uma mãe que não deu afeto ou atenção, ela pode não perceber o sofrimento do bebê e não sentir prazer em cuidar dele.

Segundo Sue Gerhardt, em seu livro *Why love matters: How affection shapes a baby's brain*, que cruza a neuropsicologia com a teoria do apego para enfatizar a importância fundamental do apego seguro por meio de cuidados primários individuais, essa falta de conexão pode causar um apego inseguro, deixando o bebê com medo, estressado e em estado de alerta constante devido à grande descarga de cortisol, o hormônio do estresse, em seu corpo.

Precisamos compreender a importância do início da vida na formação do ser humano. Ela sugere uma licença maternidade ampliada, mas ainda há uma importante questão: como as mulheres podem navegar cuidando de seus filhos e ser produtivas no trabalho sem gerar uma grande tensão ou sobrecarga materna?

Da mesma forma, Gerhardt defende fortemente que o impulso para a independência prematura de bebês e crianças pequenas tem um enorme custo pessoal e social. Enquanto ela apresenta os impactos dos casos mais graves de adultos que tiveram suas necessidades de cuidados precoces negadas, incluindo anorexia, depressão e transtornos de personalidade limítrofe e narcisista, ela diz que há um espectro em que formas mais leves de distúrbios de apego criam problemas de longo prazo.

> O paradoxo é que as pessoas precisam ter uma experiência satisfatória de dependência antes que possam se tornar verdadeiramente independentes e amplamente autorreguladas... As pessoas que se apaixonam e desapaixonam constantemente, que são viciadas em alimentos ou drogas de vários tipos, que são *workaholics*, que exigem incessantemente serviços médicos ou sociais, estão procurando algo ou alguém que regule seus sentimentos o tempo todo. Com efeito, procuram a boa infância que ainda não tiveram.

O entendimento de que as necessidades emocionais não atendidas na infância perdurarão durante a vida adulta é primordial para pais e cuidadores, pois o amor não recebido será buscado mais tarde de outras maneiras.

A seguir, um importante experimento que foi feito durante as décadas de 1950 e 1960 sobre apego seguro.

## O EXPERIMENTO DE HARLOW

Estudos feitos por Harry Harlow sobre privação materna e isolamento social exploraram os primeiros vínculos. Em uma série de experimentos, Harlow demonstrou como esses vínculos surgem e o poderoso impacto que têm no comportamento infantil.

Harlow removeu macacos jovens de suas mães naturais algumas horas após o nascimento e os deixou para serem "criados" por duas mães artificiais. Uma mãe era de pano e macia. A outra era dura, de arame, mas tinha uma mamadeira com leite pendurada.

O experimento demonstrou que os bebês macacos passaram significativamente mais tempo com sua mãe de pano do que com sua mãe de arame.

Apesar de os filhotes de macaco irem até a mãe de arame para obter comida, eles passavam a maior parte de seus dias com a mãe de pano macio. Quando assustados, os bebês macacos se voltavam para sua mãe coberta de pano para conforto e segurança.

O trabalho de Harlow também demonstrou que os primeiros apegos eram o resultado de receber conforto e segurança de um cuidador, e não simplesmente o resultado de ser alimentado.

Harlow concluiu em suas pesquisas que o afeto era a principal força por trás da necessidade por segurança e que garantia a conexão e proximidade. E é exatamente isso que vemos na prática na relação com as crianças. Elas amam, confiam e se conectam com quem as cuida, protege, brinca, dá aconchego e segurança física e emocional.

Muitos casais com filhos acabam não entendendo por que tantas crianças simplesmente não brincam ou se aproximam de seus pais, mas ficam apegadas a suas mães, e a resposta é simplesmente porque elas se apegam a quem está próximo amando e cuidando, por isso, tão importante que os pais compartilhem com as mães o papel, não apenas de provedores, mas também de cuidadores da criança.

## MEDO, SEGURANÇA E APEGO

Pesquisas posteriores demonstraram que os macacos jovens também se voltavam para sua mãe substituta de pano para conforto e segurança. Tal trabalho revelou que os vínculos afetivos foram fundamentais para o desenvolvimento deles.

Harlow utilizou uma técnica na qual macacos jovens foram autorizados a explorar uma sala na presença de sua mãe de pano ou na ausência dela. Macacos que estavam com sua mãe de pano a usavam como uma base segura para explorar a sala. Quando a mãe de pano foi removida da sala, os efeitos foram dramáticos.

Os jovens macacos não tinham mais sua base que dava segurança para explorar o ambiente e muitas vezes ficavam paralisados, com medo, se agachavam, balançavam, gritavam ou choravam.

Os experimentos de Harlow ofereceram provas irrefutáveis de que o amor é vital para o desenvolvimento saudável na infância. Experimentos adicionais de Harlow revelaram a devastação em longo prazo causada pela privação de afeto, levando a um profundo sofrimento psicológico e emocional e até mesmo à morte.

Embora esses experimentos apresentem grandes dilemas éticos, por separar bebês de suas mães, seu trabalho ajudou a inspirar uma mudança na maneira como pensamos sobre as crianças e o desenvolvimento, e ajudou os pesquisadores a entender melhor a natureza e a importância do amor no início da vida.

## IMPACTOS DA PRIVAÇÃO DO AMOR MATERNO

James W. Prescott, neuropsicólogo americano que criou um Programa de Biologia Comportamental para estabelecer projetos de pesquisa básica sobre o desenvolvimento comportamental do cérebro, fez inúmeras pesquisas com bebês macacos recém-nascidos isolados e sem contato físico com suas mães ou outros macacos, documentou que o isolamento social da criação de filhotes resulta não apenas em comportamentos emocionais-sociais adultos aberrantes, mas também em desenvolvimento e funcionamento anormal do cérebro.

Ele identificou em suas pesquisas que a privação do amor materno induz anormalidades cerebrais no desenvolvimento que resultam em uma variedade de comportamentos emocionais sociais patológicos, conforme observado nos macacos privados de mãe.

Os estudos de Prescott foram desenvolvidos considerando muitos países, as diferentes culturas humanas e a forma como os filhos eram criados em cada uma delas.

Ele descobriu que em países onde os pais tinham contato físico frequente com seus filhos, ou que os carregavam no colo ou próximo de seus corpos quando bebês, as comunidades eram muito mais pacíficas. E crianças isoladas ou que receberam pouco contato físico com seus pais tinham maior predisposição a se tornarem violentas.

Essa descoberta tão importante de Prescott nos ajuda a entender os altos níveis de violência em nossa sociedade, em que adultos, em vez de estimularem a proximidade dos corpos de mães e filhos, as aconselham a deixarem seus filhos sozinhos nos berços para não ficarem mimados ou mal-acostumados. A criança acabou de nascer e precisa sentir o colo, o cheiro e o aconchego do colo materno, pois assim fomos programados pela natureza.

O cérebro humano é o órgão de nossas emoções, relações sociais, valores morais e desenvolvimento cognitivo. O cérebro em desenvolvimento do bebê/criança é programado para depressão ou felicidade; para a paz ou violência e para a igualdade ou desigualdade humana.

*"Esses são comportamentos aprendidos enraizados na biologia de nossas primeiras experiências de vida."* (MONTAGU, 1971).

A transformação de uma cultura violenta em uma cultura pacífica começa com a transformação do indivíduo, que, como bebê/criança, é colocado em um caminho de vida de aceitação e não de rejeição, de amor em vez de ódio, de paz e não de violência.

Essa transformação do indivíduo requer a construção de um novo modelo cultural, que incorpore e expresse naturalmente compaixão, amor e felicidade, começando dentro das famílias.

## A IMPORTÂNCIA DO AFETO NA VIDA HUMANA

Muitos ainda acreditam que para educar uma criança é necessário adicionar uma dose extra de dor a cada erro cometido no caminho. Mas o que precisamos entender com urgência é que os erros fazem parte do processo de aprendizado humano. Não existe excelência sem muita prática e erros.

Um jogador de futebol que ganhou a Copa do Mundo levou uma vida treinando e se esforçando para conquistar importantes habilidades, caiu e se machucou muito antes de ser considerado o melhor do mundo em sua categoria esportiva.

Um cirurgião que salva centenas de vidas passou pela faculdade, pela especialização e por centenas de horas de prática para poder estar apto a operar um corpo humano.

Então, por que acreditamos que uma criança pequena, que ainda não possui repertório de vida, que possui um cérebro extremamente imaturo e que ainda não sabe lidar com as emoções que sente, precisa ser castigada por seus erros?

Precisamos de pais afetuosos que guiem seus filhos no caminho do aprendizado. Que sejam cuidadores confiáveis, conectados e empáticos, e não pais que amedrontam, ameaçam e violam o corpo de seus filhos com surras, tapas, agressões físicas ou verbais quando seus filhos cometem erros naturais ao processo de aprendizado humano.

Uma criança não comete erros para atacar seus pais e nem porque é terrível, mas, sim, porque está se desenvolvendo, conhecendo o mundo, construindo repertório de vida, habilidades motoras e cognitivas, aprendendo a lidar com as próprias emoções e, em paralelo a isso, possui um cérebro que ainda é dominado por fortes emoções, como a raiva e a frustração. Voltaremos nesse assunto sobre regulação emocional mais adiante neste livro.

Crianças educadas na base do medo vivem em estado de alerta e estresse. O medo ativa a parte primitiva do nosso cérebro e nos coloca no modo "luta ou fuga". Para ilustrar melhor como isso acontece, usarei uma breve e maravilhosa analogia feita pela Dra. Nadine Harris em seu livro *Toxic Childhood Stress*.

Imagine que você está vivendo em uma floresta cheia de ursos e que precisa sair para se alimentar, mas, de repente, dá de cara com um urso gigante.

Bastam alguns segundos para que a sua amígdala cerebral, parte primitiva do seu cérebro, perceba que você está em perigo e tome todas as providências para conseguir sair vivo dessa.

Sua amígdala cerebral imediatamente manda um aviso de perigo para o seu corpo, que se prepara para lutar ou fugir. Suas pupilas se dilatam, seu coração acelera, aumenta a quantidade de açúcar na corrente sanguínea, deslocando o sangue de suas vísceras para as extremidades do seu corpo, para que consiga ter força suficiente para lutar ou correr.

Nesse momento, seu corpo entende que fazer digestão não é importante, que reproduzir não é importante, e então foca toda sua energia no que realmente importa: manter a sua vida.

Os sistemas de alarme do seu corpo só vão desligar quando você voltar para sua caverna e perceber a ausência de ameaças. A segurança emocional fará com que seu corpo retorne ao estado de calma, retornando ao equilíbrio e voltando a pensar racionalmente.

Mas e se descobrisse que esses ursos vivem com você na sua caverna, como voltar ao estado de calma?

E quando os próprios pais são os "ursos dentro de uma caverna" com seus filhos, causando danos emocionais e físicos constantes, sem uma possibilidade de alívio e segurança?

Impossível não sofrer, não somente física, mas principalmente emocionalmente. E esse sofrimento é demonstrado pelas crianças com comportamentos típicos delas: chorando, fazendo "birra", se rebelando, apresentando dificuldades de foco e aprendizado, problemas para dormir, para se relacionar. Crianças que precisam se proteger e se defender de quem elas esperavam amor, cuidados, proteção, segurança e um direcionamento empático.

Crianças expostas a períodos prolongados de abusos, negligência ou um ambiente que não é seguro podem carregar as cicatrizes dos efeitos nocivos de muito estresse, vividos na infância, durante toda a vida.

Veremos mais profundamente os impactos do estresse tóxico ao longo dos próximos capítulos, mas o importante, até aqui, foi trazer essa reflexão sobre a importância de nos tornarmos não somente pais ou profissionais neuroconscientes, mas seres humanos neuroconscientes.

A infância é a base da vida, e muitos estudos científicos já nos mostraram que adversidades vividas nessa época impactam a formação, o desenvolvimento e a arquitetura do cérebro humano. Então, como adultos e seres humanos maduros, pais, cuidadores ou profissionais da infância, temos o dever de entender como nossas atitudes interferem no desenvolvimento infantil, pois são as crianças os futuros adultos de nossa sociedade. Não existe mudança no mundo se a mudança não começar dentro de casa, nas famílias.

## O AFETO IMPACTA O COMPORTAMENTO E O DESENVOLVIMENTO DO CÉREBRO INFANTIL

Um estudo feito na década de 1990 pelo neurocientista Michael Meaney e sua equipe, da Universidade McGill, em Montreal, com ratos em laboratório, mostrou a importância do afeto no início da vida e como os filhotes eram diferentes quando comparados com mães ratas carinhosas e mães ratas indiferentes.

Michael e sua equipe estimularam o estresse em ratos jovens e observaram diferentes padrões de comportamento das mães em relação a eles. Ele descobriu que algumas das mães corriam em direção a seus filhos, os lambiam e cuidavam deles, enquanto outras simplesmente os ignoravam.

Eles mediram os níveis de estresse, expressos pelos hormônios no sangue e descobriram que a lambida e o contato físico neutralizavam a ansiedade e acalmavam o aumento dos hormônios do estresse nos filhotes. O experimento de Michael não parou por aqui, ele queria ver quais eram os efeitos a longo prazo em ratos jovens após receberem níveis altos ou baixos de lambidas e cuidados.

Então, quando os ratos em observação atingiram 22 dias de idade, ele os separou de suas mães e os testou novamente após estarem totalmente maduros, com cerca de 100 dias de idade.

Meaney observou que os filhotes de mães que lambiam pouco suas crias se comportavam mais ansiosamente, como adolescentes e adultos, do que outros filhotes que receberam muitas lambidas.

Eles descobriram que o que parecia uma pequena variação no estilo materno inicial produziu uma enorme diferença no comportamento de longo prazo em seus filhos já adultos. E não só diferenças comportamentais, mas biológicas também.

Esses filhotes também tinham diferenças estruturais nas regiões do cérebro, responsáveis por regular o estresse, ligadas ao medo (amígdala) e à memória (hipocampo). E se tornaram mães que também não cuidavam ou lambiam seus filhos como deveriam, passando a negligência para a próxima geração.

Esses efeitos pareciam se dever mais a fatores sociais do que genéticos, pois quando os filhotes de mães negligentes foram criados por mães carinhosas, eles se saíram bem, enquanto os filhotes de mães carinhosas criadas por mães pouco atenciosas exibiram ansiedade, altos níveis de hormônios do estresse e problemas com o desenvolvimento do cérebro.

Os pesquisadores realizaram teste após teste e, em cada um deles, os ratos que receberam muitas lambidas eram adultos mais curiosos, sociáveis, melhores em labirintos, menos agressivos, tinham mais autocontrole, eram mais saudáveis e viviam mais.

Talvez não seja tão surpreendente que o estresse em crianças humanas também esteja cada vez mais ligado a efeitos da qualidade do ambiente em que vivem e do relacionamento com seus pais no início da vida. Pesquisas de desenvolvimento infantil nos dizem que um relacionamento estável, previsível, estimulante e responsivo com um cuidador é fundamental para a saúde e o desenvolvimento infantil. Está inserido em nossa biologia que a negligência física ou emocional é uma ameaça à vida de uma criança e isso impacta diretamente em seu comportamento.

## A IMPORTÂNCIA DO AMBIENTE NO DESENVOLVIMENTO INFANTIL

*"Quando uma flor não floresce, corrigimos o ambiente em quela está plantada e não a flor." (ALEXANDER DEN HEIJER).*

Especialistas em desenvolvimento infantil produziram décadas de pesquisas mostrando que o ambiente dos primeiros anos de vida de uma criança pode ter efeitos que duram toda a vida.

Os neurocientistas agora podem identificar padrões na atividade cerebral que parecem estar associados a alguns tipos de experiências negativas durante a infância. Os efeitos de longo prazo do estresse precoce, pobreza, negligência e maus-tratos foram bem documentados e praticamente incontestados anos antes que pudéssemos "vê-los" com ferramentas de escaneamento cerebral.

Na verdade, existem várias razões pelas quais devemos prestar atenção às evidências fornecidas pela ciência. Por exemplo, pode nos ajudar a compreender exatamente como as primeiras experiências afetam as crianças.

Nos primeiros três anos, o cérebro de uma criança faz até duas vezes mais sinapses – ligações entre neurônios – do que fará na idade adulta.

Entre a concepção e os três anos de idade, o cérebro de uma criança passa por uma quantidade impressionante de mudanças. Ao nascer, já tem quase todos os neurônios que jamais terá. Ele dobra de tamanho no primeiro ano e, aos três anos, atinge 80% do volume que terá quando adulta.

Ainda mais importantes, as sinapses são formadas em um ritmo mais rápido durante esses anos do que em qualquer outro momento.

Na verdade, o cérebro cria muito mais delas do que precisa. Essas conexões excedentes são gradualmente eliminadas ao longo da infância e adolescência.

Durante a infância, o efeito do ambiente no desenvolvimento da criança não pode ser subestimado, e isso inclui o ambiente físico em que ela é criada. Se o ambiente de vida é inseguro e cheio de agressões, certamente a criança será impactada negativamente com comportamentos ansiosos, inseguros ou defensivos.

Se você tem muitas pessoas morando em casa e se a atenção para a criança está dividida, ela pode procurar formas alternativas de chamar a atenção, agindo de maneira mais desafiadora na tentativa inconsciente de conseguir a atenção que precisa. Da mesma forma, ambientes desagradáveis muitas vezes fazem com que as crianças se fechem e se tornem mais introvertidas.

## MECANISMOS EPIGENÉTICOS: O IMPACTO DO AMBIENTE EM NOSSOS GENES

Dr. Bruce Lipton, cientista americano, explicou como um bebê pode ser impactado, ainda no útero, por fatores externos estressantes que afetam sua mãe ou pai nesse período:

> Basicamente, diz que os genes são plásticos e variáveis e se ajustam ao ambiente. Isso faz sentido em um mundo onde, por exemplo, uma mulher concebe um filho, mas, de repente, há violência no ambiente, a guerra começa e o mundo não é mais seguro. Se ela está criando uma criança nela, como a criança vai responder? Da mesma forma que a mãe responde. Por que isso é importante? Quando uma

mãe está respondendo a uma situação estressante, seu sistema de luta ou a fuga é ativado e seu sistema adrenal é estimulado. Isso faz com que duas coisas fundamentais aconteçam. Número um, os vasos sanguíneos são espremidos no intestino fazendo com que o sangue vá para os braços e pernas (porque sangue é energia), para que ela possa lutar ou correr. Os hormônios do estresse também alteram os vasos sanguíneos do cérebro por esse motivo. Em uma situação estressante, você não depende do raciocínio e da lógica conscientes, que vêm do prosencéfalo. Você depende da reatividade e dos reflexos do rombencéfalo; essa é a resposta mais rápida em uma situação ameaçadora. Assim, os hormônios do estresse que causam a contração dos vasos sanguíneos no intestino também fazem com que os vasos sanguíneos do prosencéfalo se contraiam. Isso empurra o sangue para o rombencéfalo para que os reflexos possam ativar os braços e as pernas e fornecer uma resposta segura.

Os hormônios do estresse passam para a placenta e têm o mesmo efeito, mas com um significado diferente quando afetam o feto. O feto está em um estado de crescimento muito ativo e requer sangue para nutrição e energia, portanto, os tecidos do órgão que receberem mais sangue se desenvolverão mais rapidamente. O significado de tudo isso é que o prosencéfalo é consciência e percepção; você pode reduzir a inteligência de uma criança em até 50% por estressores ambientais devido ao desvio do sangue do prosencéfalo e ao desenvolvimento de um grande rombencéfalo. A relevância disso é que a natureza criou a criança para viver no mesmo ambiente estressado que os pais percebem. O mesmo feto se desenvolvendo em um ambiente saudável, feliz e harmonioso cria uma víscera muito mais saudável, que permite o crescimento e a manutenção do corpo pelo resto da vida, bem como um prosencéfalo muito maior, o que lhe dá muito mais inteligência. Assim, a percepção e a atitude da mãe, no contexto do ambiente, se traduzem em controle epigenético, que modifica o feto para se adequar ao mundo que a mãe percebe. Agora, quando eu enfatizo a mãe, claro, eu tenho que enfatizar o pai, porque se o pai erra, isso também atrapalha a fisiologia da mãe. Ambos os pais são, na verdade, engenheiros genéticos. Eles estão moldando a genética de seu filho para garantir a sua sobrevivência.

Todo esse conhecimento nos faz perceber como é grande nossa responsabilidade no desenvolvimento de nossos filhos, pois o ambiente e a forma como os pais vivem impactam seus bebês desde o útero.

Na verdade, a natureza nos fez assim com uma grande finalidade: reforçar as nossas chances de sobrevivência. Depois do nascimento, vamos viver no mesmo ambiente que nossos pais, por isso as informações que recebemos ainda dentro do útero pela placenta de nossa mãe ajudam a formar a nossa fisiologia e nos preparam para enfrentar as adversidades que possam surgir após o nascimento.

A natureza oferece dessa maneira as "ferramentas" para que o bebê possa sobreviver no ambiente que o espera. Por isso é tão importante que os pais compreendam tudo que acontece antes mesmo de decidirem colocar um filho no mundo.

Nossos genes não são os únicos responsáveis por nossas características positivas e negativas. Na verdade, mesmo que uma pessoa venha de uma família com genes muito bons, se o indivíduo sofrer maus-tratos, abandono ou for constantemente ignorado, negligenciado e incompreendido durante a infância, todo o seu potencial genético pode ser "desligado" por influência do ambiente.

Capítulo 2

# A ORIGEM DO COMPORTAMENTO HUMANO

Antes de olhar, julgar ou responder a um comportamento humano, precisamos primeiramente entender sua origem. O problema é que, na maioria das vezes, os adultos olham para um comportamento infantil e desejam imediatamente corrigi-lo ou tentar parar a demonstração emocional da criança. Pode ser um choro, uma "birra" ou uma frustração, a qual a criança não consegue administrar sozinha.

E, nessa tentativa, deixamos de compreender os motivos que causaram aquele comportamento, e um ciclo vicioso se instala: a criança se comporta "mal" – os pais possuem a urgência de corrigir e, muitas vezes, de forma agressiva; e então a criança chora, o que piora a raiva dos pais; o comportamento da criança não melhora; e tudo se repete no dia seguinte.

Outro agravante importante e que pode causar uma grande frustração e consequente explosão nos pais é o medo do julgamento alheio. Muitos possuem um grande receio de serem vistos como pais permissivos ou que não educam seus filhos e esse medo do julgamento pode afastar os pais de olharem e se conectarem com seus filhos e realmente compreenderem o que está levando a criança a agir de determinada maneira.

Neste capítulo, você vai olhar para o desenvolvimento social e emocional humano e descobrir a importância de compreendermos o comportamento infantil se desejamos ter menos violência e mais empatia neste mundo.

## TUDO COMEÇA NO CÉREBRO

Precisamos repensar a forma como nos relacionamos com nossos filhos, se queremos nos manter conectados e atender às necessidades emocionais, especialmente das crianças.

Na transição de répteis para mamíferos, nosso cérebro evoluiu muito e desenvolvemos estruturas novas, como o giro cingulado, a ínsula, o córtex orbital e químicas cerebrais como ocitocina, vasopressina e prolactina, que fizeram com que tivéssemos a capacidade de nos tornarmos uma espécie extremamente cuidadora dos nossos bebês.

> Essa preocupação dos pais pelos seus bebês pode ser vista em ratos, baleias e elefantes. Tartarugas marinhas, no entanto, ao não terem essas estruturas e químicas, investem toda sua energia em colocar seus ovos em um lugar protegido e depois retornam ao mar deixando seus filhotes à mercê da sorte. (HUGHES & BAYLIN, 2014).

A parentalidade é um processo extremamente emocional que nasce a partir de nosso sistema límbico, que está em constante comunicação com o nosso corpo, especialmente com o coração, pulmão e vísceras. Nossas emoções impactam os batimentos cardíacos, nossa respiração e a atividade das nossas vísceras.

Enquanto usamos nossas capacidades superiores de pensar e analisar as consequências de nossas atitudes para educar nossos filhos, também somos influenciados emocionalmente pela parte mais primitiva de nosso cérebro, o sistema límbico, composto principalmente pela amígdala cerebral, que também existe nos répteis, e que, quando ativada, nos faz agir de forma irracional e impulsiva.

A relação entre pais e filhos ora pode despertar sentimentos de amor, empatia e compaixão, ora pode despertar raiva, necessidade de controle e sentimentos que os desconectam momentaneamente.

Essa relação tão profunda precisa ser baseada em segurança. Uma segurança que é mais instintiva do que racional. E, para ter uma relação feliz e mais leve com seus filhos, os adultos precisam se sentir seguros e não ameaçados por eles.

A educação tradicional diz que, quando uma criança não faz o que os pais mandam, deve ser castigada, mas a verdade é que quando um filho não faz o que o pai ou a mãe manda, a emoção mais primitiva e inconsciente que surge é: o medo e a insegurança de não dar conta de educar uma criança e de ser dominado por ela.

Esse medo surge dessa parte mais primitiva do nosso cérebro e nos coloca em um lugar de vulnerabilidade e ameaça e, ao não sabermos agir de forma neuroconsciente e respeitosa, acabamos agindo com a mesma agressividade que nos ensinaram, com o objetivo de provarmos quem é que "manda".

Quando entendemos que essa reação é um tipo de defesa irracional, que começa pelo nosso cérebro reconhecendo ameaça onde não existe, podemos nos abrir para nos colocar no lugar de adulto que somos e estender a mão para cuidar, proteger, amar e educar nossos filhos como fomos programados pelo nosso DNA. Com segurança, amor e conexão.

O amor é um estado de abertura para o outro e não de defesa. E conseguir exercer uma Educação Neuroconsciente vai nos exigir uma abertura para nos mantermos abertos e conectados, mesmo quando nossos filhos cometem erros ou nos desagradam. Vamos sair do estado de medo e defesa para entrarmos no estado aberto e consciente de escolher amar, cuidar e nos conectar com eles, mesmo em momentos desafiadores.

Precisamos estar conscientes e aprender a regular nosso estado interno de acordo com o que sentimos em cada situação, mas para isso precisamos, primeiramente, entender a origem do nosso comportamento.

## COMPORTAMENTOS *BOTTOM UP* E *TOP DOWN*

Imagine que o cérebro possui dois andares, como ilustrou de forma bem didática o Dr. Daniel Siegel em seu livro *O cérebro da criança*. O andar de baixo é aquele andar mais primitivo que controla nossas emoções mais viscerais, como o medo e a raiva. E o andar de cima é aquele andar mais aprimorado que pensa, raciocina, planeja, calcula, analisa e prevê as consequências de nossas atitudes.

Entendido isso, podemos dizer que a origem do comportamento humano pode ser de dois tipos: *bottom up* – do andar de baixo primitivo para o andar de cima mais racional ou *top down* – do andar de cima, mais racional, para o andar de baixo mais emocional e primitivo.

Há uma diferença entre as respostas emocionais "de baixo para cima" e "de cima para baixo". As emoções "de baixo para cima" são respostas imediatas a um estímulo, como uma sensação instantânea de medo, como por exemplo, quando uma moto que, de repente, vai em sua direção ou uma reação ao grito da esposa ou marido.

As emoções "de cima para baixo" são respostas mais conscientes e que variam de acordo com a maneira que encaramos uma determinada situação, como um sentimento de ansiedade depois de perceber que estamos atrasados para pegar um voo, por exemplo.

É fundamental saber a diferença entre esses dois tipos de comportamentos se desejamos aprender a nos relacionar de forma emocionalmente saudável conosco e com as outras pessoas, especialmente com nossos filhos e aqueles que amamos.

## COMPORTAMENTOS *BOTTOM UP*

São comportamentos que se originam na parte primitiva do cérebro, ou seja, nascem no andar de baixo. Comportamentos "de baixo para cima" são instintivos e não intencionais. São respostas ao estresse baseadas na sobrevivência e operam por meio da ativação do sistema de detecção de ameaças do cérebro, envolvendo o tronco cerebral e o sistema límbico.

Essas são as partes responsáveis pelas memórias de "luta ou fuga" e ocorrem inconscientemente. Duas etapas estão envolvidas na geração de sentimentos "de baixo para cima":

**1)** Um estímulo ocorre;

**2)** Uma emoção inconsciente é desencadeada.

Todos os comportamentos dos bebês são "de baixo para cima". Eles são chamados de *bottom up* porque vêm de áreas do cérebro que são impulsionadas por instintos.

As "birras" das crianças são um comportamento "de baixo para cima". Acontecem de forma irracional e instintiva, porque elas só começam a desenvolver a capacidade de controlar suas emoções e comportamentos de forma consistente com o passar do tempo e com o amadurecimento do córtex pré-frontal.

Uma "birra" pode parecer uma explosão emocional, mas, na verdade, é um evento fisiológico. O corpo da criança está reagindo a um estímulo interno ou externo (fome, sono, barulho, frustração) e é dominado pelas emoções, pois o andar de cima ainda não está pronto para pensar em diferentes formas de agir.

A capacidade de usar a parte racional e lógica do cérebro acontece no andar de cima e essa só termina de se desenvolver no início da idade adulta, por volta dos 25 anos de idade. Um outro fator importante também é o tipo de relação que a criança tem com seus pais. Filhos de pais explosivos tendem a se descontrolar mais e dificilmente aprendem a lidar com as próprias emoções, pois educação emocional se aprende com um modelo e treinamento diário, não nascemos com ela.

O que as crianças precisam nesses momentos difíceis não é de um castigo ou uma ameaça para aumentar seu medo e estado de alerta, mas, sim, de conexão, empatia e compaixão para acalmar e ajudar a regular suas emoções.

Diante de um comportamento desafiador, precisamos nos perguntar:

*Qual é a causa raiz desse comportamento, para que eu possa ajudar essa criança?*

É uma maneira muito mais efetiva de ajudar a criança a regular suas emoções, pois para ela aquele determinado comportamento faz sentido, diante da situação que está passando.

Quando a explosão passar, podemos focar na solução e mostrar que é possível encontrar maneiras de resolver os problemas que surgem no caminho, assim a ajudaremos a não se sentir envergonhada ou inadequada por deixar suas emoções tomarem conta dela.

Além disso, seu cérebro é MUITO menos desenvolvido que o nosso, então é muito mais desafiador para ela não deixar que as emoções a governem. Temos assim a oportunidade de ajudar a criança a lidar com o que sente, de construir resiliência ao longo dos anos e desenvolver importantes habilidades emocionais que serão úteis para a vida toda.

Aprendemos com nossos pais, professores e conhecidos que precisamos ser duros com nossos filhos, que não podemos "ser moles". Que devemos ignorar, castigar ou punir para que se tornem bons seres humanos. Isso é o que o senso comum diz, mas centenas de pesquisas e minha experiência como mãe – estudiosa, profissional e especialista em neurociência comportamental infantil – dizem que vivemos um grande engano.

Imagine que o amor e os limites são as duas margens de um rio. O rio flui bem delimitado pelas suas bordas. O amor fica de um lado e os limites do outro, mas as duas margens são necessárias para o rio fluir. Então, sim, crianças precisam de amor e de limites, mas com respeito.

## COMPORTAMENTOS *TOP DOWN*

Os comportamentos "de cima para baixo" são racionais e intencionais. O pensamento e os comportamentos "de cima para baixo" se desenvolvem ao longo dos anos da infância e adolescência por meio de conexões com o córtex pré-frontal do nosso cérebro.

Por exemplo, as crianças podem ficar ansiosas depois de perceberem que não estudaram o suficiente para uma prova que acontecerá no dia seguinte. Essa é uma resposta racional, e não instintiva.

As emoções "de cima para baixo" tendem a ocorrer em três etapas:

**1)** Estimulação por algum acontecimento;

**2)** Nossos padrões de pensamento nos fornecem um pouco de "conversa interna" sobre o que está acontecendo;

**3)** Sentimos algo com base em nossos pensamentos sobre o acontecimento.

Já ouviu dizer que quando mudamos nossos pensamentos alteramos a forma como nos sentimos?

Esse é um fato que, na verdade, é explicado pela neurociência, um pensamento gera uma emoção, sentimento ou percepção e tem o poder de mudar nosso comportamento para melhor ou pior.

Esse tipo de comportamento *top down* tem sua origem na parte racional do cérebro e nos faz pensar, calcular e refletir sobre as consequências de nossas atitudes antes de agirmos.

Esses dois tipos de comportamentos são de origens completamente diferentes e pedem por soluções diferentes também, mas infelizmente não é isso que acontece nas famílias, nas escolas ou em nossa sociedade. As abordagens para ajudar crianças e adolescentes com problemas comportamentais, na sua maioria, são baseadas na suposição de que todos os comportamentos desafiadores são iguais ou possuem a mesma origem.

## O ADULTO PENSA EM CORRIGIR E NÃO EM COMPREENDER O COMPORTAMENTO DA CRIANÇA

A falta de conhecimento sobre a origem do comportamento humano, especialmente das crianças, leva milhares de pais ao redor do mundo a agirem de maneira agressiva e na defensiva diante de emoções ou atitudes desafiadoras de seus filhos.

E quais as principais formas que pais, cuidadores e professores usam para resolver esses comportamentos desafiadores?

Gritos, ameaças, castigos e punições.

Um exemplo disso nas escolas são os alunos que ficam sem recreio porque não se comportaram bem na sala de aula. O problema é que ninguém olha para o que levou a criança a agir da forma que age. Será que ela recebeu atenção em casa? Os pais são amorosos ou trabalham o dia todo e à noite oferecem um celular para a criança não dar trabalho?

O recreio é um tempo importante pra a criança extravasar a energia acumulada enquanto ficou sentada em sala de aula, então quando é impedida de ir para o recreio, em vez de melhorar seu comportamento, as chances de ela continuar desregulada emocionalmente ou ficar agressiva aumentam muito. E a falta desse entendimento leva os adultos a aumentarem a "dose" do castigo em vez de olharem para a origem do comportamento.

A dor do abandono emocional e da falta de atenção tem que sair por algum lugar e, normalmente, sai pelo comportamento, pelas emoções, e a criança demonstra como pode, já que não tem maturidade suficiente para compreender ou lidar com o que sente.

Então ela se comporta "mal", pode chorar mais ou bater no amigo como forma de botar para fora a raiva que sente. E, assim, milhares de crianças se tornam invisíveis, pois o não entendimento de seus comportamentos as coloca em uma situação de extrema vulnerabilidade, medo e insegurança.

Existe o castigo para o mau comportamento, mas também tem outro paradigma, que é a recompensa para o bom comportamento.

Essas atitudes desconsideram que o foco deveria ser ajudar a criança a lidar com o que sente, a regular as próprias emoções e se sentir feliz com as próprias realizações e conquistas diárias, em vez de deixá-la presa ao julgamento do adulto em relação ao seu merecimento ou não. Mas, afinal, o que essas abordagens têm em comum?

Elas envolvem uma disciplina baseada na crença de que os comportamentos são todos "de cima para baixo", planejados e calculados pela criança, e que devem ser tratados por meio de punições, consequências ou recompensas, como um grande "adestramento", para que ela possa aprender a não agir mais com "tanta maldade", "desrespeito" ou "desobediência".

Muitos dizem em voz alta:

*"Essa criança está fazendo isso para me desafiar, para me atacar, para me testar!"*

Não. Provavelmente essa criança (ou adolescente) age assim porque quer se sentir amada, vista, validada e levada em consideração como todo ser humano gostaria, precisa e merece se sentir. Mas ela aprendeu que precisa se defender, proteger e se rebelar, porque ninguém consegue compreendê-la, então se fecha e entende que não pode contar com ninguém, além dela mesma.

Comportamentos "de baixo para cima" são respostas ao estresse baseadas no cérebro primitivo e que exigem compreensão, compaixão e ajuda ativa para que a pessoa se sinta segura, com base na história de vida única de cada um.

Quando punimos um comportamento "de baixo para cima", a tendência é que a situação só piore. E é por isso que a forma com que muitos pais e professores tratam suas crianças e adolescentes só piora os desafios emocionais e comportamentais deles. Pais, professores e cuidadores em geral podem evitar piorar as coisas, aprendendo a interpretar a origem do comportamento e focando no relacionamento com a criança em vez de focar apenas em corrigir o comportamento dela.

Esse conhecimento ajudará crianças e adolescentes a se sentirem mais seguros, calmos e compreendidos, pois lutam para serem vistos em suas famílias e escolas e se sentem culpados por seus comportamentos, pois são tratados de forma inadequada por seus pais e profissionais da infância.

## PRESTE ATENÇÃO A SUAS CRENÇAS E PENSAMENTOS

Pesquisadores da Universidade de Denver e da Universidade de Stanford conduziram um estudo interessante que envolveu a indução de emoções "de baixo para cima" e "de cima para baixo" em um grupo de participantes.

Eles pediram aos participantes que tentassem diminuir o impacto negativo de suas emoções por meio da reavaliação cognitiva, um termo que significa reajustar, de forma consciente e racional, um pensamento sobre algo. Curiosamente, os pesquisadores descobriram que as pessoas eram mais capazes de regular as emoções "de cima para baixo" do que as "de baixo para cima".

As emoções "de baixo para cima" são mais viscerais e são conectadas ao mecanismo de resposta de "luta ou fuga", com o qual nascemos. Se um carro em alta velocidade vem em nossa direção, não vamos parar e pensar sobre isso antes de decidir como agir. Nosso corpo vai disparar uma reação instintiva, de "baixo para cima" que em milésimos de segundos nos colocará em movimento para evitar um acidente.

Mas a maior parte dos acontecimentos da vida não envolve respostas de "luta ou fuga". Geralmente, temos mais tempo para avaliar e refletir sobre as circunstâncias. Na verdade, muitas de nossas emoções são impulsionadas por nossos pensamentos e crenças sobre o mundo, como interpretamos as situações e que tipos de ideias temos sobre nós mesmos e os outros. Quer percebamos ou não, a maioria de nossas emoções é produto de nosso pensamento.

Todos temos os dois tipos de comportamento, mas algumas pessoas estão mais conscientes de suas emoções e comportamentos do que outras.

Eu o convido a começar a prestar mais atenção aos pensamentos que podem estar conduzindo suas emoções, porque esse é o começo do caminho para a regulação emocional, que veremos com detalhes adiante neste livro.

Se estivermos cientes de que nossos pensamentos criam nossas emoções e sentimentos, teremos a possibilidade de reajustar esses pensamentos, para que gerem sentimentos e comportamentos que nos façam mais felizes.

## OS 4 PILARES QUE IMPACTAM O COMPORTAMENTO INFANTIL

Não somente com base em meus estudos, mas também em minha experiência como profissional da saúde e do comportamento infantil, considero que existem quatro grandes pilares que impactam o comportamento infantil, e precisamos compreendê-los.

### 1 – Necessidades físicas

Quando nascemos, buscamos pela proteção, colo e alimento que nossa mãe nos oferece, pois sem isso não sobreviveríamos.

Uma criança se sente calma e feliz quando tem suas necessidades físicas preenchidas. Ela espera que, quando sinta fome, sua mãe ou cuidador primário a alimente e que, quando sinta sono, seja colocada em um ambiente propício ao descanso e assim por diante.

Um dos grandes motivos que impactam negativamente o comportamento de uma criança é quando ela está com fome, sono ou cansada de estímulos ao longo do dia. Até adultos se sentem desconfortáveis nessas situações, mas bebês e crianças são especialmente afetados, pois ainda não sabem perceber e verbalizar o que sentem.

Ter rotina é muito importante para garantir que a criança se alimente e descanse em horários conhecidos e que fique tranquila para o que vai acontecer em seguida e, principalmente, que tenha confiança e certeza de que suas necessidades por alimento e descanso serão atendidas.

**2 – Necessidades emocionais**

Depois que as necessidades físicas foram atendidas, precisamos nos atentar às necessidades emocionais. Todo ser humano nasce com um profundo desejo de se sentir amado, aceito e pertencido ao meio onde vive, especialmente em sua família, que é o primeiro grande modelo do relacionamento humano.

Uma criança que não recebe afeto, atenção positiva ou momentos de conexão emocional dos seus pais se sente mal, fica carente desse olhar atento deles e acaba demonstrando essa dor emocional como consegue, ou seja, por meio de choros mais frequentes e comportamentos desafiadores.

De forma inconsciente, a criança acaba percebendo que, quando se comporta mal, os pais param tudo que estão fazendo para dar atenção, mesmo que de forma negativa, e essa atenção negativa é melhor do que nada.

Precisamos entender que estar de corpo físico presente o dia todo ao lado de uma criança não significa que estamos emocionalmente disponíveis para nos conectarmos com ela. Para que ocorra conexão, precisamos de disponibilidade emocional, longe do celular, do trabalho e de outras atividades da vida corrida de pai ou mãe.

A melhor forma de suprir essas necessidades é olhando nos olhos, ouvindo o que a criança diz com atenção, se interessar pelo que a criança fala ou faz, brincar ou dedicar um tempo especial para conversar e estar com ela diariamente.

Assim como precisamos nos alimentar e dormir todos os dias, também precisamos alimentar o emocional dos nossos filhos com amor, presença e empatia.

Outra grande necessidade emocional humana é a necessidade por autonomia, lembrando que autonomia e independência são coisas muito diferentes. Alguns pais me dizem frases como: "Minha filha tem dois anos e quer fazer tudo sozinha. Ela é bastante independente".

Na verdade, ela não é independente, pois depende 100% de um adulto para sobreviver, mas o que essa criança necessita e deseja é desenvolver sua autonomia e se sentir capaz conforme cresce e aprende novas habilidades.

Pais que compreendem essa necessidade abrem espaço para que seus filhos façam por si mesmos o que já são capazes de fazer de acordo com sua idade.

Uma criança de dois, três anos já pode colocar a roupa suja no cesto, já pode querer lavar seu cabelo sozinha e, quanto mais os pais permitirem e incentivarem, mais capaz ela se sentirá, e isso impactará positivamente seu comportamento.

Pais controladores ou superprotetores acabam, mesmo sem querer, privando seus filhos de terem essas experiências e acabam deixando-os inseguros em relação à sua própria capacidade, pois como diz a famosa frase de Matthew L. Jacobs: "Por trás de cada criança que confia em si mesma, existem pais que confiaram nela primeiro".

### 3 – Imaturidade neurológica

Nascemos com um cérebro imaturo, e a parte que pensa, analisa, controla os impulsos, a demonstração das emoções e toma decisões racionais se desenvolve ao longo das primeiras duas décadas de vida. Dito isso, imagine o quão imaturo é um cérebro de um bebê ou de uma criança.

Ao compreender que uma criança ainda não consegue regular as próprias emoções sozinha ou prever as consequências de suas atitudes, podemos concluir o quão irracional é afirmar que "meu filho só faz isso para me atacar" ou "essa menina está me testando".

Ao olhar para uma criança pequena com esse julgamento de que ela age de forma planejada e manipuladora para atacar um adulto, desconsideramos totalmente sua biologia humana. Nenhuma criança é capaz de armar um "plano" consciente antes dos cinco, seis anos de idade, que é quando seu córtex pré-frontal já começa a mostrar sinais de amadurecimento, mas que varia muito de indivíduo para indivíduo.

O que ela faz com essas atitudes, como "birras", é demonstrar sua grande necessidade emocional e física, além de sua grande imaturidade neurológica para pensar racionalmente, regular suas emoções e lidar com os desafios que surgem em seu caminho. Crianças precisam do apoio empático e compreensivo de seus pais no processo de aprendizado e na construção de habilidades sociais, cognitivas e emocionais.

**4 – Segurança**

Precisamos de segurança física e emocional para que nosso cérebro encontre tranquilidade e confiança e possa focar, aprender e se desenvolver. Essa segurança é especialmente importante no ambiente familiar e escolar.

A segurança física está ligada ao ambiente externo onde essa criança vive e convive como, por exemplo, ter um lugar limpo e seguro para dormir, ter a certeza de que pode descansar sem que ninguém entre em sua casa ou quarto para fazer mal a ela. Uma criança que vive com pais que brigam, castigam, gritam e ameaçam não se encontra em segurança, mas, sim, em estado de alerta e de hipervigilância constante o que impacta em seu comportamento, sono, apetite e até aprendizado.

A necessidade de segurança emocional é sobre ter a certeza de que os pais estão ali para dar o apoio e o suporte necessários para a ajudar a enfrentar qualquer dificuldade que venha a surgir, tanto na escola quanto com colegas ou amigos. A criança precisa sentir que é amada não importa o que aconteça.

Muitos pais me procuram porque lutam com relacionamentos, ansiedade, depressão ou dificuldade em tomar decisões na relação com seus filhos ou em suas vidas de modo geral. Eles sentem medo, vergonha, culpa, possuem expectativas irreais sobre si mesmos e baixa autoestima. E a maior parte dessas questões se origina na própria infância.

O vínculo com um cuidador principal nos primeiros anos de vida é fundamental para o desenvolvimento da segurança emocional ao longo da vida. Os pais precisam criar um ambiente para as crianças que seja confiável e afetuoso.

A maioria dos pais é bem-intencionada com seus filhos, mas às vezes projeta inconscientemente seus próprios medos, inseguranças e experiências passadas para suas crianças e isso pode criar uma distância emocional entre pais e filhos.

Crianças que se sentem envergonhadas, assustadas, intimidadas ou que não têm um lugar para falar abertamente sobre seus sentimentos são mais predispostas a sentirem medo, a não se sentirem amadas e a viverem atormentadas pela dúvida sobre sua capacidade e merecimento.

Sentimentos como constrangimento e frustração fazem com que o cérebro entre no modo "lutar ou fugir". Isso tem um forte impacto na aprendizagem, por isso é tão importante cultivarmos a segurança emocional tanto na família quanto nas escolas.

Veremos com mais detalhes o impacto desses pilares no desenvolvimento humano ao longo deste livro, mas a questão é que, provavelmente, para qualquer problema que seu filho apresente, um ou mais desses quatro pilares estarão envolvidos na causa dos desafios comportamentais que ele apresenta.

Capítulo 3

# A CONSTRUÇÃO DA NOSSA "CASA"

Imagine que o corpo humano é uma casa, onde viveremos para o resto da vida. Uma casa complexa, que possui muitos andares, com vários materiais envolvidos em sua construção e com um sistema elétrico altamente complexo e sensível ao ambiente em que foi construída.

Nosso cérebro se desenvolve ao longo do tempo, de "baixo para cima". A arquitetura básica do cérebro é construída por meio de um processo contínuo que começa antes do nascimento e continua na idade adulta. Conexões e habilidades neurais mais simples se formam primeiro, seguidas por circuitos e habilidades mais complexas.

"As primeiras experiências afetam o desenvolvimento da arquitetura cerebral, que fornece a base para todo aprendizado, comportamento e saúde futuros. Assim como uma base fraca compromete a qualidade e a resistência de uma casa, experiências adversas no início da vida podem prejudicar a arquitetura do cérebro, com efeitos negativos que duram até a idade adulta."[1]

A fiação dessa casa é para fazer analogia com o nosso sistema nervoso, composto de bilhões de neurônios e conexões neurais e que são altamente impactados pela qualidade de nossas relações, pelos estímulos recebidos e pelo ambiente em que vivemos desde o início da vida.

Um dos princípios básicos da biologia é: todos os seres vivos têm uma tendência natural para se desenvolver plenamente.

Uma águia vai crescer, desenvolver suas penas, suas asas, aprender a voar alto e caçar porque essa é a sua natureza. Uma formiga vai trabalhar diariamente para comer e construir sua casa em segurança no meio de outras milhares de formigas porque essa é a sua programação.

O urso vai crescer e seguir seu caminho para viver sozinho porque está na natureza de sua espécie viver assim, isolado. Uma semente de maçã, quando jogada na terra, se tiver água e terra fértil, crescerá até dar muitos frutos; e assim também é com o ser humano.

Mas somos seres bem mais complexos que um urso ou uma semente de maçã. Possuímos um cérebro que pensa, com uma enorme capacidade de aprendizado, realização e superação.

Além disso, vivemos em sociedade, frequentamos escolas, universidades, viajamos pelo mundo, construímos pontes, aeroportos, cidades e foguetes que viajam para o espaço.

Nascemos com uma grande predisposição para crescermos e nos desenvolvermos, e a qualidade do meio onde vivemos e das relações que temos impactará profundamente a construção da "nossa casa", o modo como vemos a nós mesmos e o mundo ao nosso redor.

---

1 (https://developingchild.harvard.edu/science/key-concepts/brain-architecture/)

O bom desenvolvimento do nosso cérebro é como construir uma casa. Muitas partes são necessárias para que a casa se torne bonita, bem-acabada e habitável. Essa "construção" começa desde a gestação e é muito importante, durante toda a infância, mas especialmente durante os três primeiros anos de vida.

## SOMOS NEUROARQUITETOS DO CÉREBRO DOS NOSSOS FILHOS

Nos primeiros três anos de vida, o cérebro passa por um incrível surto de crescimento, produzindo mais de um milhão de conexões neurais a cada segundo. Essas conexões, que formarão a saúde social e emocional futura, dependem de nossas experiências e interações com os outros.

As conexões entre os neurônios são formadas à medida que a criança experimenta o mundo circundante e forma ligações importantes com os pais, familiares e outros cuidadores.

"As interações dos genes e da experiência moldam o cérebro em desenvolvimento. Embora os genes forneçam o modelo para a formação de circuitos cerebrais, esses circuitos são reforçados pelo uso repetido. Um ingrediente importante neste processo de desenvolvimento é a interação entre as crianças e seus pais e outros cuidadores na família ou na comunidade. Na ausência de cuidados responsivos – ou se as respostas não forem confiáveis ou inadequadas – a arquitetura do cérebro não se forma conforme o esperado, o que pode levar a disparidades na aprendizagem e no comportamento. Em última análise, genes e experiências trabalham juntos para construir a arquitetura do cérebro."[2]

---

2 (https://developingchild.harvard.edu/science/key-concepts/brain-architecture/)

Nosso cérebro é um órgão social construído nas relações que temos com as outras pessoas. A maior parte da "fiação" que formamos nele depende da experiência que tivemos nesses primeiros anos de vida, quando está crescendo e se desenvolvendo em uma incrível velocidade.

Os neurônios são matérias-primas, assim como a madeira é uma matéria-prima na construção de uma casa. As experiências e interações de uma criança com seus pais ajudam a construir a estrutura, instalar adequadamente a fiação e pintar as paredes internas da "nossa casa".

No cérebro, os neurônios e as sinapses estão presentes desde o nascimento. À medida que os neurônios amadurecem, mais e mais sinapses acontecem. Ao nascer, o número de sinapses por neurônio é por volta de 2 500, mas aos dois ou três anos, aumenta para cerca de 15 000 por neurônio.

A rede neural se expande exponencialmente, e aquelas redes não usadas repetidamente ou com frequência suficiente, são eliminadas. Dessa forma, as experiências vividas na infância desempenham papel crucial na "ligação" dos neurônios do cérebro de uma criança.

A estimulação prepara o terreno para que as crianças possam aprender e interagir com os outros ao longo da vida. As experiências de uma criança, boas ou ruins, influenciam a qualidade das conexões em seu sistema nervoso.

Interações amorosas com adultos que compreendem o comportamento infantil auxiliam fortemente o cérebro de uma criança, fazendo com que as sinapses cresçam e as conexões existentes se fortaleçam.

As conexões muito usadas se tornam permanentes. Se uma criança recebe pouca estimulação desde o início, as sinapses não se desenvolverão. Por isso é tão importante praticar habilidades socioemocionais com as crianças desde pequenas. Trocas de olhares, de gentilezas, de respeito e educação emocional.

O desenvolvimento do cérebro não para após a infância, mas a infância é o momento de construir uma base forte, ou frágil e não confiável.

A primeira infância é uma época de grande desenvolvimento cerebral. O cérebro literalmente muda de forma e tamanho em resposta às experiências vividas nos primeiros anos de vida.

Novos ambientes, experiências de vida e relacionamentos podem afetar a maneira como os circuitos cerebrais complexos se conectam.

O funcionamento do cérebro dos pais impacta o desenvolvimento do cérebro dos filhos. A forma como nosso cérebro funciona impacta nossas reações e, portanto, afeta positiva ou negativamente o desenvolvimento dos filhos. Crianças pequenas observam o ambiente onde vivem e guardam o modelo aprendido com seus pais e, como resultado, passam a apresentar os mesmos comportamentos e crenças que eles.

Na primeira infância, o tempo de desenvolvimento também é importante. Existem janelas de tempo em que diferentes regiões do cérebro se tornam relativamente mais sensíveis às experiências. Esse período de desenvolvimento do cérebro infantil é chamado de período crítico ou período sensível. Durante um período crítico, as conexões sinápticas em certas regiões do cérebro são mais plásticas e maleáveis.

Por exemplo, o aprendizado de idiomas é muito mais fácil para crianças pequenas. Elas podem aprender uma língua não nativa e atingir a proficiência mais facilmente antes da puberdade. Assim o período sensível para o desenvolvimento da linguagem é desde o nascimento até antes da puberdade.

Um adulto também pode aprender um novo idioma em qualquer tempo da vida, mas não com a mesma facilidade que uma criança aprenderia. Isso explica por que o que aprendemos durante a infância é tão importante em nossas vidas.

No início da vida, o cérebro armazena as informações do ambiente e das nossas relações como se fosse uma grande biblioteca. A função dessa biblioteca é guardar o máximo de registros que servem para identificar perigos, ameaças, e proteger a nossa vida.

Se uma criança cresce em um lar cheio de brigas, desavenças e discórdia, ela interpretará que é assim que as relações acontecem, e a tendência é que repita o mesmo padrão nas relações que venham a surgir em sua vida.

## AS CRIANÇAS INTERPRETAM A VIDA DE ACORDO COM O QUE VIVEM EM FAMÍLIA

Uma criança que viu o pai bater na mãe ou uma menina que viu a mãe apanhar de seu pai pode interpretar essa atitude como amor, já que, muitas vezes, ela também apanha e escuta os pais dizendo: "Te bato porque te amo". Essa atitude gera uma confusão de dor com amor, e a criança se torna um adolescente/adulto que acredita que amar é sofrer.

Então essa criança pode passar a buscar relações tóxicas que repitam o padrão aprendido na infância, mesmo que de forma inconsciente. O conhecido é mais seguro do que o desconhecido.

Talvez já tenha escutado que você é explosivo e sem paciência porque herdou genes com essas características de seus pais, que também eram impacientes e explosivos.

A questão é que essa teoria o coloca em uma zona de conforto do tipo "não há o que eu possa fazer para mudar, já que fatalmente não posso alterar minha genética".

Certo?

Não, errado, porque isso não tem a ver apenas com genética, mas com o ambiente que você viveu e vive. Os genes que herdamos de nossos antepassados refletem apenas nosso potencial e não nosso destino.

Muitos podem dizer "sou explosivo igual ao meu pai, é genético", ou ainda "puxei a passividade da minha mãe, todas as mulheres da família são assim". Mas não culpe os seus genes pelos seus comportamentos e atitudes.

O que você faz é repetir um padrão aprendido e que nada tem a ver com genes, mas, sim, com o ambiente em que você viveu durante a sua infância, quando o seu cérebro estava se desenvolvendo e sendo moldado em alta velocidade.

E se é um comportamento que foi aprendido, você pode "desaprender", simplesmente treinando novas formas de agir. A questão é que precisa querer mudar, pois sem treino não existirá a criação de novos caminhos neurais.

O caminho neural é como se fosse uma "nova trilha" que se forma em nosso cérebro quando estamos aprendendo algo novo, como, por exemplo, um novo idioma. No começo é difícil, mas depois de algumas semanas praticando, o desafio começa a diminuir e o aprendizado começa a fluir com mais facilidade, até que você se torne fluente naquela língua.

Se você herdou um padrão aprendido como gritar quando sente raiva e deseja parar de gritar, por exemplo, terá que começar a perceber e frear sua forma automática de reagir antes que sua raiva exploda em gritos.

Precisará aprender a perceber os sinais que seu corpo emite antes de explodir e treinar fazer uma pausa positiva e racional antes de agir motivado pelas emoções e pelo impulso.

É papel dos pais assumir a responsabilidade de oferecer um ambiente que incentive o desenvolvimento de importantes características e habilidades de vida em seus filhos.

## MUDANDO COMPORTAMENTOS APRENDIDOS

Quando se trata de mudar comportamentos aprendidos, como gritar sempre que sente raiva, por exemplo, você terá que ficar consciente, focado no momento presente, e perceber a qualidade do seu discurso interno.

Se pensa "é muito difícil parar de gritar, eu não vou conseguir", esse pensamento encerra qualquer possibilidade de aprendizado, já que você mesmo afirmou que não consegue.

Que tipo de sentimento esse pensamento vai gerar? Tristeza, frustração, desapontamento, desilusão, e seu comportamento explosivo será reforçado, pois sentimentos ruins geram comportamentos ruins.

Por outro lado, se pensa "quero parar de gritar, como posso fazer isso?", uma nova possibilidade se abre bem diante dos seus olhos. Você vai se abrir para buscar maneiras de mudar o seu padrão. Então tudo começa com um pensamento.

O cérebro vai achar a resposta, uma solução e alternativas para o que deseja mudar. As perguntas positivas darão esperanças, o ciclo recomeçará de forma assertiva e encontrará respostas positivas que geram sentimentos positivos.

Quando vivemos dominados pelas nossas emoções, certamente a vida vira um caos. Sem a razão, nos tornamos seres irracionais, inconsequentes e que ferem sem pensar nas consequências de nossas atitudes.

Entender que podemos mudar nossos padrões e escolher as nossas atitudes, mesmo diante da raiva, nos coloca em um lugar de responsáveis pelas nossas escolhas e não vítimas delas.

## O ESTRESSE PODE DANIFICAR "A CONSTRUÇÃO" DA "CASA"

O estresse é a resposta fisiológica e cognitiva do corpo a situações que percebemos como ameaças ou desafios. É uma resposta normal e natural. O Conselho Científico Americano da Criança em Desenvolvimento propôs três formas distintas de respostas ao estresse em crianças pequenas: positivo, tolerável e tóxico. A divisão é feita de acordo com as reações às situações estressoras.

O estresse positivo acontece quando a criança é submetida a estresse de baixa intensidade e por curtos períodos. E quando há suporte familiar, ele traz benefícios à criança, que aprende a confiar em si mesma como, por exemplo, a adaptação à escola, no início da vida escolar, ou quando é preciso fazer uma visita ao dentista.

Em experiências de estresse positivo, com o apoio de um adulto empático, o sistema nervoso pode retornar a um estado calmo em um período relativamente curto.

O estresse tolerável ocorre quando a criança passa por uma situação com um nível acima do que ela conseguiria lidar. Acontece quando a criança passa por situações mais difíceis por um período maior de tempo e apresenta dificuldades para lidar com elas.

É o caso, por exemplo, de uma doença séria que acomete alguém da família, uma mudança brusca de cidade, porém, mesmo sendo um estresse mais elevado, o suporte familiar adequado pode ajudar a criança a criar estratégias para superar seus desafios.

O estresse passa a ser considerado tóxico quando seu nível é muito alto ou quando a situação é repetida, de uma forma que supera a capacidade de a criança lidar com ela. Encaixam-se nessa categoria a violência física ou verbal frequente, a privação econômica e social, o estresse dentro da escola com colegas e/ou professores agressivos, a falta de carinho, a ausência de um ou de ambos os pais, o excesso de gritos e ameaças ou um divórcio conturbado. Essas são situações que colocam a criança em estado de alerta constante.

O estresse pode se tornar tóxico quando uma criança tem experiências negativas, frequentes ou prolongadas, sem o apoio emocional de um adulto.

Quando os adultos estão presentes para apoiar as experiências de uma criança e a ajudar a lidar com as dificuldades que ela enfrenta, os eventos difíceis se tornam mais facilmente tolerados e superados.

## QUANDO O ESTRESSE É TÓXICO

Quando as crianças enfrentam trauma físico ou emocional – aprofundaremos nesse assunto no capítulo sobre traumas – o hormônio cortisol é liberado em altos níveis, podendo causar a morte de células cerebrais e reduzir as conexões entre essas células em certas áreas do cérebro, prejudicando, assim, alguns circuitos vitais do cérebro.

Em outras palavras, a "fiação da casa" pode ser danificada ou desconectada se uma criança for exposta a estresse repetido e de longa data sem a ajuda de um adulto atencioso. Crianças com vínculos emocionais fortes e positivos com seus cuidadores apresentam níveis comprovadamente mais baixos de cortisol em sua corrente sanguínea.

Quanto mais estresse tóxico na infância de uma pessoa, maior a probabilidade de sofrer uma série de doenças à medida que envelhece. Como problemas de saúde mental, obesidade ou abuso de substâncias, e até doenças crônicas como depressão e diabetes.

Todos nós temos um sistema de resposta ao estresse que serve para proteger e prolongar nossas vidas. Você já ouviu aquele tipo de notícia em que um pai ou uma mãe conseguiu resgatar um filho de um incêndio ou levantar um carro para tirar a criança lá debaixo e salvar sua vida?

Esse feito não é algo racional, mas, sim, resultado do nosso sistema de resposta ao estresse projetado para salvar nossas vidas. Mas quando esse sistema é ativado constantemente, ele pode, na verdade, afetar a saúde física e encurtar nosso tempo de vida. Veremos mais à frente, neste livro, como o estresse causado por experiências adversas vividas na infância pode impactar negativamente nossa saúde mental e física ao longo da vida.

Importante entender que os efeitos do estresse tóxico podem danificar a arquitetura do cérebro e durar uma vida toda, se não for devidamente tratado. Mesmo quando as crianças foram removidas de circunstâncias traumatizantes e colocadas em lares excepcionalmente estimulantes, as melhorias no desenvolvimento são frequentemente acompanhadas por problemas contínuos de autorregulação, adaptabilidade emocional, relacionamento com os outros e autocompreensão.

> Quando as crianças superam esses desafios, elas geralmente receberam muito apoio emocional de seus pais ou cuidadores primários. Esses achados ressaltam a importância da prevenção e intervenção oportuna em circunstâncias que colocam as crianças em sério risco psicológico. (NATIONAL SCIENTIFIC COUNCIL).

Como as experiências vividas no início da vida moldam a arquitetura do cérebro humano em desenvolvimento, elas também estabelecem as bases de uma boa saúde mental no futuro. Adversidades enfrentadas nesse processo de desenvolvimento podem prejudicar as capacidades de uma criança para aprender e se relacionar com os outros não somente na infância, mas na vida adulta também.

Circunstâncias associadas ao estresse familiar, como pobreza extrema, podem aumentar o risco de problemas graves de saúde mental. Crianças pequenas que sofrem abuso recorrente ou negligência crônica, violência doméstica ou problemas de saúde mental dos pais ou abuso de substâncias são particularmente vulneráveis.

Por isso é tão importante compreendermos o comportamento infantil e observarmos o desenvolvimento emocional das crianças. Pelas consequências que o estresse pode causar, os pais, educadores e cuidadores precisam estar atentos aos sintomas físicos e psicológicos que elas apresentam para não os confundir com "malcriação".

## UMA CRIANÇA SE COMPORTA COMO CONSEGUE, E SE EXPRESSA COMO PODE

Crianças pequenas ainda não possuem habilidades de comunicação desenvolvidas o suficiente para compreender ou verbalizar o que sentem. Cabe aos pais guiá-las positivamente nesse processo de aprendizado, enquanto seu cérebro, ainda imaturo, amadurece.

Expectativas irreais sobre o comportamento infantil são um dos principais motivos da violência perpetuada de geração em geração nas famílias e na sociedade. Crianças não são miniadultos, elas se comportam como crianças, choram, esperneiam e se jogam no chão quando algo não sai como gostariam, e não é porque acham bom agir assim, mas porque elas não conseguem lidar com o que sentem com a mesma maturidade que um adulto com o cérebro inteiramente desenvolvido consegue.

Sabemos que milhares de adultos, mesmo possuindo a capacidade de usarem a razão para lidar com suas emoções, ainda não sabem gerir o que sentem, por diferentes razões.

Às vezes porque não receberam educação emocional na infância ou porque possuem traumas que não foram tratados e demonstram isso em suas atitudes, mas cobram que seus filhos sejam calmos e saibam se autocontrolar.

Ninguém gosta de se sentir mal, chorar ou ficar triste, e as crianças também não. Elas, certamente, preferem se sentir amadas, abraçadas, acolhidas, compreendidas e guiadas de forma atenciosa por seus pais.

O bem-estar emocional das crianças está diretamente ligado ao funcionamento de seus cuidadores e ambiente em que vivem. Quando esses relacionamentos são abusivos, ameaçadores, cronicamente negligentes ou psicologicamente prejudiciais, são um potente fator de risco para o desenvolvimento de problemas de saúde mental precoce ou em um futuro breve.

Em contraste, quando os relacionamentos são confiáveis e responsivos, podem realmente proteger as crianças dos efeitos adversos de outros momentos estressores que viveram em suas vidas. Portanto melhorar a qualidade das relações parentais é essencial para a saúde emocional e mental das crianças.

É fundamental que pais, cuidadores, professores e profissionais que lidam com crianças saiam do papel de "ditadores" para se tornarem "treinadores" empáticos de seus filhos, alunos e pacientes.

## IMPORTANTES ASPECTOS NO CUIDADO E RELACIONAMENTO COM UMA CRIANÇA

Existem alguns pontos essenciais no relacionamento entre pais e filhos, especialmente no início da vida, e que devem ser melhor compreendidos por qualquer adulto que cuide de crianças.

O desenvolvimento social e emocional significa como as crianças começam a entender quem são, o que estão sentindo e o que esperar ao interagir com os outros. É o desenvolvimento de ser capaz de:

- Formar e manter relacionamentos positivos;
- Experimentar, gerenciar e expressar emoções;
- Explorar e interagir com o ambiente em que vive.

O desenvolvimento social e emocional positivo é muito importante, pois influencia a autoconfiança, a empatia, a capacidade de desenvolver amizades e parcerias significativas e duradouras e um senso de importância e valor para aqueles ao seu redor.

Os pais e cuidadores desempenham maior papel no desenvolvimento social/emocional porque podem oferecer um primeiro modelo de relacionamento positivo e empático para seu filho ou um modelo tóxico e agressivo.

Experiências consistentes com familiares, professores e outros adultos ajudam as crianças a aprender sobre relacionamentos e explorar emoções em interações previsíveis com seus colegas, amigos e familiares.

Pesquisas sobre o desenvolvimento inicial do cérebro sugerem alguns pontos importantes no cuidado de crianças pequenas. A seguir, alguns pontos fundamentais.

**1) Garanta saúde e boa nutrição.** Garanta visitas regulares ao pediatra e dentista, escolha alimentos saudáveis para ser a base da alimentação da família e evite calorias vazias dando guloseimas em excesso para seus filhos.

**2) Desenvolva um relacionamento afetuoso com as crianças.** Mostre que você se importa profundamente com elas. Demonstre aceitação por quem elas são. Ajude-as a se sentir amadas, cuidadas e importantes para você.

**3) Dar e receber – Presença emocional.** As "experiências intangíveis" que temos na infância causam mudanças biológicas no cérebro e ajudam a fortalecer ou enfraquecer as conexões e circuitos envolvidos em um determinado comportamento. No entanto as interações de *serve and return*, que traduzido ao pé da letra para o português seria servir e retornar – trocas emocionais de dar e receber – também podem afetar a forma como nossos genes são expressos.

Ao contrário do que muitas pessoas acreditam, nossos destinos não são gravados em pedra por nossos genes. É verdade que todo mundo tem um conjunto de genes que fornece às células um modelo básico de funcionamento, mas novas pesquisas do campo da epigenética mostram que nossos genes são projetados para serem sensíveis a experiências durante certos períodos de desenvolvimento. Nossas primeiras experiências podem realmente estimular mudanças estruturais na área ao redor de cada gene, influenciando se esse gene se expressará ou não.

Por exemplo, sabe-se há algum tempo que a qualidade do relacionamento do bebê com seu cuidador tem impacto na regulação emocional e na sensibilidade ao estresse em crianças. Relacionamentos positivos e estimulantes ajudam as crianças a aprender a controlar suas emoções e a lidar com o estresse positivo e tolerável.

O estresse tóxico resulta em ansiedade e uma maior sensibilidade ao estresse em crianças – e essa sensibilidade aumentada perdura até a idade adulta muito tempo depois que o estresse tóxico ocorreu. Pesquisas mais recentes revelaram o mecanismo por trás desses fenômenos: a relação bebê-cuidador altera a expressão dos genes responsáveis pela regulação das emoções e do estresse por meio de uma mudança epigenética. Dessa forma, as primeiras experiências podem ser biologicamente incorporadas em nossos cérebros e corpos e produzir mudanças duradouras em nosso comportamento.

O relacionamento das crianças com adultos que são responsivos e atenciosos com muitas interações curiosas e empáticas que vão e voltam, como uma bolinha em um jogo de tênis, constrói uma base sólida no cérebro delas e impacta positivamente todo o aprendizado e desenvolvimento futuros.

Os relacionamentos devem ser baseados na interação contínua de dar e receber da criança, com um adulto humano e que ofereça a conexão e a segurança emocional que ela precisa para se desenvolver com alegria e saúde emocional.

Como em um jogo de tênis, a maneira como você responde às interações com uma criança faz uma grande diferença para o aprendizado dela. Responda às crianças quando estão chateadas e, também, quando estão felizes. Tente entender o que elas estão sentindo, em vez de tentar calar o que suas emoções estão comunicando.

**4) Reconheça que cada criança é única.** Tenha em mente que, desde o nascimento, as crianças são diferentes umas das outras. Elas crescem em seu próprio ritmo e este varia de criança para criança. Gerenciar as expectativas dos adultos em relação ao comportamento de cada criança é essencial para evitar frustrações e desapontamentos.

Evitar comparações entre irmãos, amigos, vizinhos e colegas de escola também é fundamental. "Ah, seu irmão parou de fazer xixi na cama e você não" ou "seu irmão só tira dez nas provas e você não quer nem saber de estudar".

Em vez de comparar seu filho com outras crianças, compare-o com ele mesmo para que ele perceba como tem progredido com o passar do tempo usando frases como "Uau filho, incrível como você aprende mais e mais a cada dia que passa".

Construa expectativas positivas sobre o que cada criança pode ser capaz de fazer e mantenha a crença de que todas elas podem se desenvolver e ter sucesso se forem preparadas, estimuladas e treinadas positivamente para isso.

**5) Incentive a curiosidade e as brincadeiras seguras.** Dê às crianças oportunidades de se movimentarem, explorarem novos ambientes e brincarem livremente com uma supervisão carinhosa e não castradora.

Ajude-as a entender os relacionamentos também. Crie oportunidades para que passem tempo com outras crianças da mesma idade e de outras faixas etárias, apoie-as em seu aprendizado para resolver os conflitos que inevitavelmente surgirão no caminho.

O amigo não quer emprestar o brinquedo?

Ok, que tal buscar outra opção ou esperar a vez? Todas as interações positivas ou conflituosas entre crianças são oportunidades para ensinarmos importantes habilidades de vida para elas.

Crianças pequenas não agem assim porque são egoístas, mas, sim, porque são egocêntricas, e é parte natural do desenvolvimento humano. Só começamos a perceber a existência e importância do outro com o amadurecimento e passar do tempo.

Até por volta dos cinco anos, as crianças não têm necessidade de compartilhar coisas com outras, devido ao fato de que não entendem que um brinquedo é para uma finalidade em comum.

Entre os seis e sete anos, a criança começa a entender o significado de empatia e cooperação, e assim será mais fácil compartilhar as coisas com colegas e amigos. Nessa fase, a criança já aprendeu habilidades sociais importantes por meio da instrução, da imitação e da prática no relacionamento com seus pais.

**6) Mostre empatia.** Converse com as crianças sobre o que parecem estar sentindo e ensine a elas palavras para descrever esses sentimentos. Deixe claro a existência do amor incondicional, e que embora possa não gostar da maneira como elas se comportam em um determinado momento, você as ama.

Explique as regras e consequências do comportamento para que as crianças possam aprender os "porquês" por trás do que você está pedindo que elas façam.

Isso é infinitamente mais assertivo do que cobrar obediência cega. A criança tem o direito de questionar e ter suas dúvidas respondidas. É isso que, com o tempo, desenvolverá adultos que sabem pensar e tomar boas decisões, mesmo quando não tiverem seus pais por perto.

**7) Use menos NÃO.** Diga às crianças o que você quer que elas façam, não apenas o que não quer que façam. Deixe o "não" apenas para o que realmente for "não".

Peça de forma afirmativa o que você deseja que a criança faça: "desça daí, filho" em vez de "não suba aí".

Nosso cérebro não processa bem a palavra não, se eu pedir para você não pensar em um carro rosa, provavelmente você já tenha nesse momento a imagem de um carro rosa em sua mente.

Então precisamos parar para pensar no que não fazer primeiramente para depois pensar no que precisamos fazer. Pedir o que queremos, além de muito mais assertivo, causa menos confusão nas crianças.

Além disso, mostrar na prática, como um determinado comportamento pode trazer consequências naturais para nossa vida em vez de dizer apenas "Não" é muito mais eficaz.

Um exemplo disso é quando faz frio e os pais travam uma luta corporal com a criança para vestir um casaco sem que ela queira. E então a frase "Você não vai sair sem casaco!" entra em ação ou ainda ameaças como: "Se você não colocar esse casaco agora, não vamos ao parquinho".

Então que tal ensinar pelo exemplo que, se estiver chovendo e não usar guarda-chuva, ficará molhado, se estiver frio e não usar um casaco, sentirá frio.

Talvez seu filho desconheça a sensação de frio e não entenda a importância de usar um casaco no inverno. Permita que ele vá lá fora e perceba o incômodo que uma baixa temperatura pode causar em seu corpo. Certamente, ele mesmo pedirá o casaco para você que, naturalmente, o levou em sua bolsa. Da próxima vez, basta lembrá-lo "Filho, está frio lá fora, que tal vestir ou levar seu casaco em sua cintura?".

**8) Estabeleça rotinas.** Crie rotinas para momentos críticos durante o dia, como hora das refeições, hora de ir para a escola e hora de dormir. Uma vida desregrada impacta negativamente todos os membros da família, especialmente as crianças.

Seja previsível para que as crianças saibam que podem contar com você. A previsibilidade é um fator muito importante e que dá segurança emocional para a criança.

**9) Limite o tempo de tela.** Estabeleça um tempo limite para o uso de telas e eletrônicos. Atente-se ao tempo que as crianças passam assistindo a programas de TV, jogos e vídeos, bem como ao tipo de programa que assistem.

A Academia Americana de Pediatria recomenda o uso de telas somente a partir dos dois anos de idade e por tempo limitado.

Para crianças mais velhas, certifique-se de que estejam assistindo a programas que ensinem coisas que você quer que elas aprendam, e ajuste o tempo de tela para intervalos curtos entre as atividades escolares e esportivas.

**10) Cuide-se.** Cuidar de si não é egoísmo. Não tem como os pais cuidarem bem dos filhos sem se cuidarem. Você pode cuidar melhor de crianças quando também se cuida, fazendo atividades que ama, tirando tempo para descansar, dormir, estudar ou fazer qualquer outra coisa que lhe dê prazer e alegria.

Se necessário, peça ajuda, para que possa ter mais tempo para cuidar de si.

Aprenda a lidar com suas emoções, reveja relacionamentos tóxicos ou que não lhe fazem bem, para que você possa ajudar seu filho a aprender a fazer o mesmo no futuro. O bem-estar físico e emocional do seu filho depende diretamente do seu.

Capítulo 4

# NOSSO CORPO - UM AVANÇADO SISTEMA DE SEGURANÇA

Você não precisa ser um neurocientista ou um especialista para entender o grande impacto do cérebro humano na nossa forma de ser pai ou mãe.

Mas, afinal, o que significa sermos bons pais quando falamos de uma Educação Neuroconsciente?

Significa manter nosso foco em proteger e fomentar o bom desenvolvimento do cérebro de nossos filhos, especialmente nos primeiros anos de vida, e estimular o aprendizado, de forma emocionalmente saudável, tendo a qualidade do relacionamento com a criança como foco, em vez de focar em nossa necessidade de controlar e a dominar em nome da obediência cega.

Para isso, precisamos:

1. Entender a origem do comportamento infantil para poder ser sensível e estar emocionalmente

disponível para atender às necessidades emocionais das crianças;

2. Proteger as crianças de nossas atitudes impulsivas, automáticas, e emoções desreguladas, lembrando que somos o adulto dessa relação e, portanto, os responsáveis por gerenciar nosso estresse e por regular nossas próprias emoções;

3. Ser um bom modelo de como se relacionar consigo e com os outros usando a empatia, compaixão e respeito mútuo para ajudar as crianças a aprenderem a fazer o mesmo em suas relações;

4. Compreender como nosso sistema nervoso pode nos fazer agir de maneiras impulsivas, que ferem e que trazem resultados indesejados;

5. Lembrar que as crianças estão apendendo, que possuem um cérebro imaturo e não conseguem fazer boa gestão de suas emoções sem a ajuda de um adulto calmo e regulado.

## A IMPORTÂNCIA DE TER UM CÉREBRO MADURO PARA SER PAI OU MÃE

Embora sejamos grandemente influenciados por comportamentos de origem *bottom up*, para que possamos exercer nosso papel como pais neuroconscientes e empáticos, precisamos ter nosso córtex pré-frontal amadurecido, e isso só acontece por volta dos 25 anos de idade.

Nosso cérebro precisa estar desenvolvido bem o suficiente para que as partes mais profundas ligadas ao nosso sistema límbico, que gera emoções, sejam influenciadas pelas partes mais altas e racionais do nosso cérebro, e nos façam parar, refletir e antever as consequências de nossas atitudes antes mesmo de agirmos dominados pela raiva ou frustração.

Quando adolescentes se tornam pais, eles ainda não possuem condições neurobiológicas de se autorregularem ou de ajudarem seus filhos a se acalmarem diante de sentimentos desafiadores que causam uma "birra", por exemplo. Então, pensando em termos de desenvolvimento do cérebro, deveríamos nos tornar pais apenas após os 25 anos de idade, quando nosso córtex pré-frontal está completamente maduro e capaz de nos ajudar a resolver problemas de forma mais racional.

## USANDO O SISTEMA EXECUTIVO DO CÉREBRO A NOSSO FAVOR

Esse sistema está localizado nas partes altas do cérebro e ajuda os pais a regularem seu sistema límbico, controlando, assim, suas reações mais emocionais e impulsivas. Ele promove uma modulação *top down*, ou seja, de cima para baixo, ajudando-os a regularem suas emoções mais rapidamente em vez de agirem de modo reativo quando dominados pela amígdala cerebral.

Essa modulação *top down* nos auxilia a tomarmos decisões mais racionais, diante de um comportamento infantil desafiador, mesmo quando temos vontade de sair gritando ou correndo pela porta.

Quando usamos e desenvolvemos nossas habilidades executivas, conseguimos focar no que queremos fazer ou realizar. Um exemplo clássico disso é quando tomamos consciência de nossas atitudes autoritárias e desrespeitosas e decidimos mudá-las. Com treino e dedicação, podemos desenvolver a habilidade de perceber racionalmente e focar nas necessidades emocionais das crianças em vez de agirmos de formas reativas no modo luta ou defesa.

Uma das estruturas mais importantes do nosso cérebro e que está diretamente ligada à parentalidade é o córtex cingulado anterior. O córtex cingulado anterior (CCA) está em uma posição única no cérebro, com conexões tanto com o sistema límbico "emocional" quanto com o córtex pré-frontal "cognitivo", como se fosse uma "ponte" entre esses dois sistemas.

Por isso é uma região muito importante na ação de conectar emoções e pensamentos, trazendo flexibilidade para as nossas atitudes, sendo responsável por uma série de funções cognitivas, incluindo expressão emocional, alocação de atenção e regulação do humor.

> A parte inferior do córtex cingulado anterior é chamado de córtex cingulado anterior ventral (CCAV), que é uma região crucial para o cérebro, especialmente de quem tem filho. Em um cérebro parental emocionalmente saudável, essa região é ativada todas as vezes que a amígdala cerebral é disparada diante de situações ameaçadoras ou negativas, incluindo os comportamentos infantis ou uma expressão facial negativa (HEINZ et al., 2005).

Um exemplo prático disso seria quando o pai ou a mãe se depara com uma "birra" e seu CCAV é coativado com a amígdala; os pais, mesmo sem saberem disso, já começam a regular suas emoções negativas em relação à criança. Se o cérebro não coativa essa região junto com a amígdala, será mais difícil controlar sua reação negativa. Isso inclui tanto as reações de raiva como as de medo.

Sabendo disso, você pode começar a praticar novas habilidades emocionais para frear suas reações impulsivas, por meio da pausa positiva, respiração, afastamento da situação para que possa aprender a frear seus impulsos e reações automáticas, e começar a agir com mais racionalidade.

A capacidade executiva de nosso cérebro nos ajuda a regular nossas emoções e nos manter no estado "parental" necessário para minimizar conflitos e nos mantermos conscientes mesmo diante dos desafios que os comportamentos infantis possam nos trazer.

## NEUROCEPÇÃO – UM FORTE SISTEMA DE SEGURANÇA

Você já esteve em uma situação em que se sentiu inseguro ou em perigo, mas não sabia bem por quê? Você olha em volta e percebe que ninguém mais parece se incomodar, mas algo ainda parece estranho?

Desde o momento em que nascemos, estamos intuitivamente examinando nosso ambiente em busca de sinais de segurança e perigo.

Mesmo sem perceber, andamos pelo mundo diariamente buscando, inconscientemente, milhares de pistas sociais em nosso ambiente. Na interação com os outros, captamos expressões faciais, tons de voz, movimentos corporais e muitas outras pistas de segurança ou insegurança. Estamos constantemente ocupados observando e interagindo com o mundo e os outros como parte da nossa experiência humana.

À medida que temos essas interações com os outros e com o mundo, estamos aprendendo sobre nós mesmos e sobre os outros, em quem podemos confiar e quem pode representar uma ameaça para nós. Nossos corpos estão processando esse tipo de informação constantemente por meio dessas interações com o mundo.

Para nos ajudar a sobreviver, nossos corpos são projetados e preparados para observar, processar e responder ao nosso ambiente. Um bebê responde aos sentimentos seguros de proximidade com seus pais ou cuidadores. Da mesma forma, um bebê responderá a sinais que são percebidos como assustadores ou perigosos, como um estranho, um barulho assustador ou a falta de resposta de seu cuidador. Procuramos pistas de segurança e perigo durante toda a nossa vida.

Neurocepção é uma resposta rápida, inconsciente, desencadeada pelo nosso Sistema Nervoso Autônomo e que serve para detectar ameaças ou segurança em nosso ambiente. O que determina como dois seres humanos agirão, um em relação ao outro, quando se conhecem é a resposta inicial dada por esse mecanismo.

A maneira mais rápida de mandar uma mensagem para outro cérebro é por meio da comunicação não verbal. Sinais não verbais, como o semblante ou o olhar de outra pessoa, chegam ao nosso sistema límbico, responsável pelas respostas emocionais, e são desviados para a amígdala cerebral para avaliação rápida de segurança ou ameaça.

Esse termo foi cunhado pelo cientista Stephen Porges, criador da Teoria Polivagal, e ele chama esse processo de avaliação ultrarrápida de "neurocepção", para distingui-lo do processo de percepção, que é mais lento e consciente. O processo neuroceptivo leva menos de 50 milissegundos, enquanto leva cerca de 300 milissegundos para o cérebro formar uma imagem clara do rosto de alguém.

O nervo vago é a estrela principal da Teoria Polivagal e é um nervo semelhante a um cabo, muito longo, que vai do cérebro até a base da coluna, e está conectado a todos os órgãos internos e ao sistema nervoso autônomo.

É como se ele fosse uma grande rodovia ou um cabo com milhares de fibras de telefone e Internet, onde 80% desses cabos são sensores, o que significa que o nervo vago relata ao cérebro o que está acontecendo em todos os outros órgãos.

Existem dois lados para este nervo vago, o dorsal (traseiro) e o ventral (frente). Os dois lados do nervo vago percorrem todo o nosso corpo.

No processo de neurocepção, ambos os lados do nervo vago podem ser estimulados. Descobriu-se que cada lado (ventral e dorsal) responde de maneiras distintas à medida que digitalizamos e processamos informações de nosso ambiente e interações sociais.

**O lado ventral (frontal)** do nervo vago responde a sinais de segurança em nosso ambiente e interações. Ele suporta sentimentos de segurança física e estar conectado emocionalmente com segurança a outras pessoas em nosso ambiente social.

**O lado dorsal (traseiro)** do nervo vago responde a sinais de perigo. Isso nos afasta da conexão, da consciência e nos leva a um estado de autoproteção. Em momentos em que podemos experimentar um sinal de perigo extremo, podemos nos "desligar" ou paralisar, uma indicação de que nosso nervo vago dorsal assumiu o controle.

Por meio desse processo, os sinais não verbais de outras pessoas podem nos aproximar e afastar uns dos outros mais rápido do que o significado das palavras faladas pode registrar. Por causa dessa diferença na velocidade do processamento cerebral, a comunicação não verbal supera a comunicação verbal quando se trata de gerar sentimentos de segurança ou ameaça entre pais e filhos.

Isso explica por que um olhar feio e duro de um pai para o filho faz com que a criança se assuste ou paralise. Sabe aquela frase que muitos dizem?

"Quando eu era criança, bastava um olhar do meu pai para eu saber que tinha feito algo errado!". A neurocepção é a responsável por esse mecanismo. Um semblante sisudo – com testa franzida e olhos endurecidos dos pais – envia um sinal de ameaça ao corpo da criança que, tomada pelo medo, paralisa ou se prepara para lutar ou fugir.

Esse processo de neurocepção explica por que um bebê brinca com seus pais e cuidadores, mas chora com a aproximação de um estranho, ou por que uma criança gosta do abraço de seus pais, mas nega o abraço de um tio ou primo distante.

Olhos e ouvidos estão ligados a ramificações que se conectam ao nervo vago, levando mensagens de segurança ou ameaça por meio da voz e da face de outro ser humano. Então existem dois tipos de neurocepção: o de ameaça e o de segurança.

Quando uma criança experimenta a neurocepção de ameaça na atitude dos pais, ela entra em uma posição defensiva, de medo, o que resulta em uma das três respostas: lutar, fugir ou paralisar.

O medo desencadeia uma resposta de estresse, aumentando os níveis do hormônio cortisol na corrente sanguínea, e que, quando constante, impacta no aprendizado e no comportamento da criança.

Quando uma criança experimenta a neurocepção de segurança, ela relaxa e se abre para conectar-se, comunicar-se e colaborar com seus pais. A chave para ajudar as crianças a prosperar é garantir que elas se sintam seguras e protegidas com os adultos ao seu redor. Relacionamentos alegres e leves criam o ambiente ideal para um desenvolvimento seguro e saudável.

Por isso, um tom de voz gentil e o olhar empático têm o poder de conquistar a colaboração de uma criança, porque sem segurança física e emocional a tendência é que ela se defenda ou entre em estado de "luta" com seus pais para se proteger da ameaça iminente que gritos, olhares feios e castigos causam.

O conhecimento da biologia humana nos ajuda a entender os gatilhos e mecanismos desses comportamentos durante o desenvolvimento infantil. Se aprendermos como as características comportamentais acionam circuitos neurais que facilitam o comportamento social, seremos mais capazes de ajudar crianças a melhorar seu comportamento dentro e fora de casa.

## A NEUROCEPÇÃO NOS MANTÉM SEGUROS

A cada momento, nosso cérebro está tomando decisões nos bastidores que são projetadas para nos proteger do perigo. Quando conhecemos alguém novo, examinamos o rosto dessa pessoa para detectar automaticamente sinais de perigo ou engano.

Também temos a incrível capacidade de detectar o perigo de longe, usando nossos sentidos para descobrir se uma área próxima é segura, perigosa ou tem risco de vida. Decisões como para quem dizer bom-dia ou boa-tarde em uma sala lotada e ou em que momento atravessar uma rua cheia de carros são tomadas em um nível subconsciente, com base em mecanismos de sobrevivência que impactam o nosso corpo.

Imagine que você está em uma fila de banco para sacar uma grande quantia de dinheiro e, de repente, quando olha para trás, há um homem alto, com um semblante fechado, olhando duramente para você. Em milésimos de segundos, pelo mecanismo de neurocepção, pode sentir uma imensa vontade de sumir daquele lugar antes que "esse homem" tenha a possibilidade de roubar o seu dinheiro.

Após alguns segundos, você pode ser capaz de usar a sua percepção e a sua razão para decidir se continuará ou não na fila, mas, a princípio, quando virou para trás e viu aquele homem com o semblante sisudo, o que sentiu foi algo que estava fora do seu controle consciente.

No passado, as pessoas da nossa espécie viviam constantemente sob ameaça de perigo, com a presença de animais selvagens que as caçavam. Se evoluímos com a necessidade de estar constantemente cientes da possibilidade de que um leão poderia se aproximar de nós a qualquer momento, precisávamos estar em alerta máximo o tempo todo.

Desenvolvemos um sistema de resposta automática que avalia risco e fica atento a sinais de segurança e ameaças. Essa capacidade de reconhecer o perigo está presente desde o nascimento.

Como seres humanos, estamos programados para a conexão, podemos entender como a busca por pistas de perigo pode acontecer com frequência em nossas interações com nossos parceiros, amigos, especialmente, os filhos.

Ansiamos inatamente por sentimentos de segurança, confiança e conforto em nossas conexões com os outros e rapidamente captamos pistas que nos dizem quando podemos não estar seguros.

**Quando mantemos crenças como:**

- "Meu filho quer me atacar",
- "Meu filho não vai se tornar uma pessoa de bem se eu der carinho e amor a ele",
- "Essa menina está me testando".

Você provavelmente se manterá preso em uma relação de medo e ameaça constantes com o seu filho e reagirá para se defender em vez de se abrir para amar e se conectar com ele.

À medida que as pessoas se tornam mais seguras umas com as outras, pode ser mais fácil construir laços saudáveis, compartilhar vulnerabilidades e experimentar intimidade verdadeira umas com as outras.

## COMO AS PISTAS SOCIAIS AFETAM NOSSA NEUROCEPÇÃO

Os seres humanos são animais sociais e evoluem com mecanismos de sobrevivência que estão firmemente enraizados em situações sociais. Os circuitos neurais distinguem entre sinais de segurança e sinais de perigo em uma fração de segundo, assim que nossos cérebros captam uma voz ou veem uma expressão facial.

A capacidade de discernir uma situação segura de uma ameaçadora é aprendida ao longo da infância, à medida que os circuitos neurais são formados ao vivenciar a vida e observar nossos cuidadores.

Na primeira infância, o cérebro do bebê está se formando rapidamente e usando pistas sociais para facilitar o crescimento neural.

Enquanto os circuitos neurais estão se formando no cérebro em crescimento, a negligência emocional causa danos. Pesquisas mostram que um toque amoroso é necessário para o crescimento saudável dos neurônios no cérebro de uma criança, bem como para a saúde geral ao longo de nossas vidas.

O sistema nervoso dos mamíferos trabalha em coordenação, sendo fortemente influenciado por pistas sociais que indicam se devemos sentir segurança ou medo.

As informações que recebemos do tato e da visão, com nossos outros sentidos, afetam imediatamente todo o corpo. Por causa da relação íntima entre os nervos da nossa pele e o funcionamento interno do nosso cérebro, a Teoria Polivagal explica que a conexão humana na forma de toque físico é um fator importante em muitos processos que levam à saúde geral.

Uma infância repleta de ameaças e medo aumenta as chances de uma vida adulta com problemas de ansiedade, depressão e vícios.

Esse conhecimento é essencial para que a humanidade entenda a relevância de cuidar de nossas crianças, para termos uma sociedade mais saudável, pacífica e com menos violência.

## MENTIRA X CONFIANÇA – O IMPACTO NA SEGURANÇA EMOCIONAL

*"Acredite que consegue e terá percorrido metade do caminho."*
(ROOSEVELT)

A confiança é um fator muito importante na qualidade das relações humanas. Crianças precisam confiar em seus cuidadores e isso é algo inerente à nossa sobrevivência, pois confiar em nossos pais nos traz a segurança necessária para nos desenvolvermos como fomos programados.

Nascemos confiantes de que nossos pais, especialmente nossa mãe, nos protegerão, alimentarão e cuidarão para manter nossa sobrevivência, mas conforme crescemos, e percebemos sinais de ameaça no ambiente onde vivemos, como, por exemplo, sermos deixados sozinhos chorando com frequência em um berço ou a falta de um abraço no momento de tristeza, começam a nascer sensações de abandono e insegurança.

Essas sensações também vão aumentando conforme os pais usam atitudes autoritárias, agressivas e desrespeitosas para educar e criar um filho. Então uma grande confusão entre a programação biológica que recebemos para confiar em nossos pais e a realidade que vivemos se instala.

### A IMPORTÂNCIA DA PALAVRA

Para piorar ainda mais essa situação, alguns pais contam mentirinhas para as crianças com o intuito de fazê-las parar de chorar ou para acalmá-las.

Exemplos:

— *"Vamos ao parque mais tarde, depois da escola!"*

— *"Depois que eu sair do trabalho, vou brincar com você!"*

— *"Vou te dar aquele brinquedo que você pediu no seu aniversário."*

Promessas devem ser cumpridas. Palavras possuem muito peso e valor na vida de uma criança, pois ela confia em seus pais. Se prometeu, cumpra, e se não pode cumprir, simplesmente não prometa.

A questão é que, além da criança se sentir traída e desapontada, existe uma região no cérebro que se chama ínsula e que é responsável por dar sentido a sensações desagradáveis como o nojo de algo ou um mau cheiro, por exemplo. Quando essa região é ativada, sentimos vontade de nos afastar daquilo que causa "mal-estar".

Há alguns anos, a ciência demonstrou que essa área se ativa de forma semelhante quando a criança ou o adulto sentem a falsidade, a mentira ou a injustiça. A mesma sensação de nojo que nos afasta de algo que não agrada o nosso organismo é parecida com a sensação de desconfiança que nos afasta de quem nos engana ou magoa.

Muitos pais recorrem a pequenas mentiras para conseguir a colaboração de seus filhos, mas a questão é que a probabilidade de uma criança colaborar com um adulto em quem ela confia é muito maior. Então, se você deseja criar uma relação de confiança de longo prazo com o seu filho, não prometa o que não pode cumprir e cumpra com aquilo que prometeu, porque sua palavra importa. E muito.

Um efeito cascata pode surgir dessa falta de confiança nos pais. Os filhos começam a mentir, tanto por medo de não serem compreendidos, de serem castigados, ou porque realmente entendem que não podem confiar em seus pais para orientá-los sem ameaças, castigos, julgamentos ou agressividade.

Quando os pais não entendem essa dinâmica, julgam mal os filhos, chamando-os de mentirosos, aumentando as doses de castigo e criando um abismo entre eles. Um olhar empático para os reais causadores desse comportamento poderia mudar a relação para muito melhor. A pergunta que precisamos sempre nos fazer é: "Da forma que estou criando meu filho, ele correrá para mim ou correrá de mim quando tiver um problema?".

Conversar sobre as dúvidas sem julgamentos – ouvindo o que os filhos pensam e sentem sem criticar, dando espaço para que se expressem abertamente – pode ser um bom começo para criar uma relação e comunicação mais empáticas e seguras.

Sentir-se seguro é uma premissa básica para que relações saudáveis possam ser estabelecidas entre os seres humanos. A forma autoritária e agressiva com que a maioria dos pais educa seus filhos é uma verdadeira distorção da figura humana desenhada pela nossa biologia.

Crianças precisam de amor, compreensão, limites respeitosos, de espaço para desenvolverem a autonomia, tempo de qualidade e experiências positivas com seus pais para desenvolverem um forte senso de valor, capacidade e segurança.

Uma das causas da violência humana está justamente aí, na falta de amor e no desejo de vingança que a raiva reprimida causa não somente na criança, mas em qualquer pessoa que é maltratada e desvalorizada pelo outro.

## IMPACTO DO TRAUMA NA PERCEPÇÃO DE SEGURANÇA HUMANA

Quando alguém sofreu um trauma, sua capacidade de examinar o ambiente em busca de sinais de perigo pode se tornar distorcida. Claro, o objetivo do nosso corpo é nos ajudar a nunca mais experimentar um momento aterrorizante como o vivido anteriormente, então ele fará o que for necessário para nos ajudar a nos proteger.

À medida que nosso sistema de vigilância entra em ação, ele também pode interpretar muitas pistas em nosso ambiente como perigosas, mesmo aquelas que podem ser percebidas benignas para outras pessoas. Nosso engajamento social nos permite interagir de forma mais fluida com os outros, nos fazendo sentir conectados e seguros.

Quando nosso corpo capta um sinal de que podemos não estar seguros, ele começa a responder. Para aqueles que sofreram trauma, o sinal de uma pista de perigo pode movê-los diretamente de um estado de engajamento social para uma resposta imediata de paralisia, "luta ou fuga".

Pessoas traumatizadas passam a associar inúmeras pistas interpessoais como perigosas, como uma ligeira mudança de expressão facial, um determinado tom de voz ou certos tipos de postura corporal, podem voltar a um local de resposta que lhes é familiar e se preparar para se proteger.

Isso pode ser bastante confuso para os sobreviventes de trauma, que não sabem como essa hierarquia de resposta é influenciada por suas interações com o mundo, mas sentem no corpo uma grande dificuldade para se relacionarem de forma segura com o outro.

Isso pode explicar por que crianças que apanham e vivem sobre ameaças constantes na relação com seus pais tendem a apresentar tantos problemas de relacionamento ao longo de suas vidas. Basicamente isso acontece pela falta de segurança que o corpo percebe nas interações e nos relacionamentos com o outro.

## PAIS NEUROCONSCIENTES PASSAM SEGURANÇA PARA AS PRÓXIMAS GERAÇÕES

Pais neuroconscientes moldam o cérebro da criança para resiliência emocional e competência social, enquanto desenvolvem a capacidade da criança de confiar em outras pessoas e manter relacionamentos positivos e harmoniosos.

Pais atenciosos constroem cérebros saudáveis em seus filhos, e as crianças que recebem bons cuidados estão mais bem preparadas para serem pais mais carinhosos quando chegar a hora de criar a próxima geração.

Pais sintonizados com as necessidades emocionais de seus filhos fornecem às crianças uma base segura para explorar o mundo – um primeiro relacionamento confiável para compartilhar suas descobertas e lidar com os desafios inevitáveis da vida.

Todas as crianças merecem o tipo de cuidado que promove o desenvolvimento de apego seguro, mas infelizmente muitas delas só conhecem o tipo de segurança que vem de forma intermitente e desaparece com a desatenção, defensividade, desinteresse ou perda de controle dos pais.

Esse tipo de segurança fugaz e esporádica força as crianças a se defenderem muito cedo na vida, tornando-as hipervigilantes no único ambiente em que deveriam poder relaxar profundamente e se sentir completamente seguras.

Uma criança hipervigilante percebe ameaça onde não existe e acaba desenvolvendo um alto grau de ansiedade, que pode refletir em seu comportamento e desempenho na escola. Crianças que chegam a roer as unhas das mãos e dos pés por ansiedade seriam um bom exemplo para ilustrar como um ambiente de insegurança emocional pode afetá-las.

Sabemos que ser pai ou mãe é um papel estressante, e mesmo pais e mães mais sensíveis e empáticos às vezes perdem a capacidade de cuidar de um filho em momentos de raiva, medo ou cansaço e isso faz parte. Não existe perfeição nas relações humanas e buscar perfeição jamais deve ser esse nosso objetivo, mas, sim, aprender a errar menos e a diminuir os danos.

Pais constantemente estressados se desconectam de seus filhos, e as consequências de suas atitudes são rapidamente visíveis na criança e quando estamos em um estado de frustração ou estresse, suprimimos brevemente nossas capacidades cognitivas superiores de autorregulação emocional, autoconsciência e empatia.

Essa desconexão temporária de nossos sistemas cerebrais inferiores e superiores nos coloca, com nossos filhos, à mercê de nossas emoções e atitudes impulsivas. Felizmente, muitos pais conseguem perceber rapidamente e reparar suas atitudes com os filhos, evitando rupturas mais profundas no relacionamento.

Mas quando os pais entram na defensiva ou não se envolvem em esforços para reparar suas atitudes, correm o risco de desenvolver um grande bloqueio na relação com os seus filhos, afetando a segurança física e emocional de suas crianças, o que impactará negativa e diretamente no comportamento delas.

Capítulo 5

# A IMPORTÂNCIA DA REGULAÇÃO EMOCIONAL

Educar uma criança é um processo profundamente emocional. O amor que sentimos pelos nossos filhos permeia nossos pensamentos, motivações, sonhos, preocupações e, principalmente, nossas atitudes em relação a eles por muitos e muitos anos.

Emoções positivas como o amor e a alegria criam um estado emocional propício para empatia, segurança e conexão, mas, por outro lado, o estresse natural gerado nas relações entre pais e filhos pode despertar emoções e sentimentos mais difíceis como raiva, tristeza, medo ou vergonha.

Exercer o papel de pai ou mãe pode nos levar a "navegar em mares" nunca navegados antes. Fortes emoções podem ser despertadas e podem nos levar a agir de maneiras que jamais pensamos ser capazes antes de termos filhos. Essas atitudes podem ser desencadeadas tanto pelas emoções positivas, quanto pelas negativas.

Não é um exagero dizer que o maior desafio para nós, como pais, não é controlar o comportamento dos nossos filhos, mas, sim, o nosso. Especialmente, quando não aprendemos a regular nossas emoções ao longo da vida. Porém é urgente e essencial aprendermos a sentir e a reconhecer a intensidade de nossas emoções humanas sem ferir ou quebrar a conexão com os nossos filhos.

Por sorte, o cérebro humano foi desenhado para conseguir traduzir sentimentos em pensamentos racionais e nos ajudar a tomar decisões mais acertadas, baseadas em nossa empatia, percepção e intuição.

Quanto mais abertos estivermos para olhar para as experiências que temos com as crianças, sem críticas ou julgamentos, mas, sim, com compreensão e conhecimento sobre o comportamento infantil, mais o nosso cérebro estará pronto para conectar os processos emocionais e os racionais, nos ajudando a interagir com nossos filhos com muito mais assertividade, tolerância e harmonia.

Essa capacidade de sentirmos fortes emoções e, ao mesmo tempo, permanecermos centrados em nossas atitudes racionais, já é bastante desafiadora para os adultos que possuem um cérebro maduro. Imagine, então, a grande dificuldade ou impossibilidade que é para uma criança pequena, com um cérebro ainda em desenvolvimento e imaturo, regular suas emoções.

## REGULAÇÃO EMOCIONAL

Regulação emocional é um termo usado para descrever a capacidade de uma pessoa de gerenciar e responder efetivamente a uma experiência emocional. As pessoas podem usar, consciente ou inconscientemente, estratégias de regulação emocional para lidar com situações difíceis ao longo do dia.

A regulação não é sobre se livrar de um sentimento desconfortável. É a capacidade de sentir uma emoção ou sentimento desconfortável e, ainda assim, ficar bem.

A Associação Americana de Psicologia define a autorregulação como "a capacidade de um indivíduo modular uma emoção ou conjunto de emoções".

Pode envolver comportamentos como repensar uma situação desafiadora para reduzir a raiva ou a ansiedade, esconder sinais visíveis de tristeza e medo ou frear impulsos irracionais na hora da raiva, parando para refletir rapidamente nas consequências de nossas atitudes.

O conceito de autorregulação engloba uma série de processos e inclui numerosas funções executivas. As funções executivas são as habilidades cognitivas necessárias para controlar nossos pensamentos, emoções e atitudes. O desenvolvimento do potencial máximo das funções executivas é um processo que leva tempo e, como já vimos, nosso córtex pré-frontal só termina de amadurecer no início da vida adulta.

Essa capacidade tem grandes implicações no desenvolvimento pessoal, no ajuste social e no bem-estar geral de um indivíduo. Por sua vez, as dificuldades de autorregulação provocam problemas nas relações interpessoais e são um fator de risco para o abuso de substâncias, transtornos emocionais como depressão e ansiedade e para o desenvolvimento de comportamentos impulsivos ou agressivos ao longo da vida.

Bebês e crianças pequenas não conseguem se autorregular de forma consciente e racional, por terem seus cérebros ainda imaturos, mas podem, de forma inconsciente, buscar mecanismos de autorregulação como chupar o dedo em um momento de choro, se jogar no chão ou puxar os próprios cabelos na tentativa desesperada de extravasar a raiva que sentem e se acalmarem.

Desde o nascimento, os pais estão influenciando como seus filhos aprenderão a lidar com as próprias emoções por meio de suas atitudes. Para ajudar uma criança aprender a se autorregular, os pais precisam se manter calmos, ou seja, autorregulados, mesmo em momentos desafiadores, para poderem modelar com seu próprio exemplo e ensinar seus filhos a fazerem o mesmo.

Aprender a se autorregular é um marco fundamental no desenvolvimento infantil, cujas bases são lançadas nos primeiros anos de vida. A capacidade de uma criança de regular seu estado emocional e reações emocionais afeta sua família, colegas, desempenho acadêmico, saúde mental a longo prazo e sua capacidade de prosperar em um mundo complexo.

Quando as crianças têm oportunidades de desenvolver importantes habilidades de autorregulação, elas experimentam muitos benefícios ao longo da vida. Essas habilidades são fundamentais para o aprendizado e o desenvolvimento, além de fomentar um comportamento mais positivo, ao longo da vida, que nos permite fazer escolhas saudáveis para nós mesmos e nossas famílias.

## A FUNÇÃO EXECUTIVA E AS HABILIDADES DE AUTORREGULAÇÃO DEPENDEM DE TRÊS TIPOS DE FUNÇÕES CEREBRAIS

Funções executivas são um conjunto de habilidades cognitivas necessárias para realizar várias atividades. Elas envolvem principalmente: memória de trabalho, flexibilidade mental e controle inibitório (incluindo autocontrole).

Essas funções são altamente inter-relacionadas e a aplicação bem-sucedida das habilidades das funções executivas exige que operem em coordenação umas com as outras. Essas habilidades podem impactar as pessoas em casa, no local de trabalho, na escola e em situações sociais.

A memória de trabalho governa nossa capacidade de reter e manipular informações distintas em curtos períodos. É a capacidade de manter as informações em mente e usá-las de alguma forma. Um bom exemplo disso é quando estudamos para uma prova e lembramos toda a matéria aprendida na hora da realização do exame.

A flexibilidade mental é a capacidade de pensar sobre algo de mais de uma maneira, por exemplo, quando um aluno responde a um problema de duas maneiras ou para encontrar relações entre conceitos diferentes.

O controle inibitório é a capacidade de ignorar distrações, de resistir a uma tentação e impedir que as pessoas tenham atitudes impulsivas.

Um bom exemplo disso é quando uma criança consegue ficar sentada na sala de aula, mesmo com vontade de ir brincar no parquinho ou quando espera o jantar terminar para levantar.

Importante ressaltar que crianças não nascem com essas habilidades prontas, mas nascem com o potencial para desenvolvê-las. Algumas crianças podem precisar de mais apoio do que outras para desenvolver essas habilidades. Em outras situações, se as crianças não obtêm o que precisam de seus relacionamentos com adultos e das condições em seus ambientes, ou se essas influências são fontes de estresse tóxico, o desenvolvimento dessas habilidades pode ser seriamente prejudicado.

Ambientes adversos resultantes de negligência, abuso e/ou violência podem expor as crianças ao estresse tóxico, que pode prejudicar a arquitetura cerebral e o desenvolvimento da função executiva.

## DESENVOLVER HABILIDADES EXECUTIVAS NAS CRIANÇAS – UMA PRIORIDADE

Fornecer o apoio de que as crianças precisam para desenvolver essas habilidades em casa, nas escolas e em outros ambientes que elas vivem regularmente é uma das responsabilidades mais importantes da sociedade.

O abuso de telas tem prejudicado milhares de crianças ao redor do mundo a desenvolverem importantes habilidades sociais, emocionais e cognitivas, porque não se movimentam, não se relacionam e não criam oportunidades de interação com pais ou outros adultos que deveriam ajudá-las a se desenvolver.

Ambientes promotores de crescimento fornecem às crianças um alicerce que as estimula a praticar as habilidades necessárias antes que estejam prontas para as executar sozinhas.

Pais e profissionais da infância podem facilitar o desenvolvimento das habilidades das funções executivas de uma criança estabelecendo rotinas, modelando o comportamento social, criando e mantendo relacionamentos confiáveis e de apoio.

Também é importante que as crianças exercitem suas habilidades de desenvolvimento por meio de atividades que promovam brincadeiras criativas e conexão social, ensine-as a lidar com o estresse que as próprias emoções podem causar, envolvam exercícios físicos constantes e, com o tempo, ofereçam oportunidades para direcionar as próprias ações com a diminuição da supervisão de adultos.

## ESTRATÉGIAS DE REGULAÇÃO EMOCIONAL

A maioria de nós usa algumas estratégias de regulação emocional e somos capazes de as aplicar a diferentes situações e nos adaptarmos às demandas do nosso ambiente. Algumas delas são saudáveis, outras não.

### SAUDÁVEIS

- Conversar com os amigos;
- Fazer exercícios físicos;
- Escrever em um diário;
- Meditar;
- Fazer terapia;
- Autocuidado;
- Dormir adequadamente;
- Prestar atenção aos pensamentos negativos que ocorrem antes ou depois de emoções fortes;
- Descansar sempre que precisar.

### Não SAUDÁVEIS

- Abuso de álcool, tabaco ou outras substâncias;
- Autolesão – adolescentes que se machucam para aliviar a dor emocional que sentem;
- Agressão física ou verbal;
- Uso excessivo de redes sociais;
- Roer unhas.

Um adulto já é capaz de se autorregular, ou seja, de usar a razão para lidar com as próprias emoções, e essa habilidade, mesmo estando presente em todos os adultos, nem todos conseguem usá-la. Muitos explodem e agem no automático, de forma impulsiva, sendo totalmente dominados pelas emoções negativas, pois não aprenderam a lidar com o que sentem e, então, modelam o mesmo comportamento explosivo para seus filhos, dificultando o aprendizado da autorregulação.

Um adulto com inteligência emocional consegue reconhecer suas emoções antes de agir impulsivamente. Um adulto que não aprendeu a fazer uma boa gestão emocional, pode roer unhas, comer demais, usar álcool, cigarros ou drogas para tentar lidar com as próprias emoções e se autorregular.

## CORREGULAÇÃO: O QUE É?

O processo de apoio entre adultos e crianças que promove o desenvolvimento da autorregulação é chamado de "corregulação".

Falo que nesse processo de corregulação devemos funcionar como o córtex pré-frontal dos nossos filhos. Aquela região do cérebro que pensa, analisa, pondera e toma decisões, mas que ainda não está madura o suficiente na infância.

Enquanto essa parte que pensa, analisa, freia impulsos e planeja ainda está em desenvolvimento, os pais devem ajudar seus filhos a pensarem e usarem a razão para lidar com o que sentem.

A seguir, exemplos de momentos de corregulação que vivi com os meus filhos para ajudar você a visualizar como agir.

Meu filho mais velho, quando tinha quatro meses, chorava quando acordava do cochilo da tarde. Sempre que eu escutava o choro dele pela tela da babá eletrônica, eu respondia de onde estivesse: "Oi, meu amor, mamãe está indo, filho". Imediatamente, ele parava de chorar.

Quando minha filha caçula tinha por volta de dois anos, e me dava sinais claros de cansaço, eu dizia: "Você está ficando cansada, não está?".

Eu logo buscava um lugar calmo para a pegar no colo e cantar uma música, rapidamente ela se acalmava e dormia. Com o tempo, ela aprendeu a dizer antecipadamente que estava cansada e que precisava de colo para se acalmar.

Minha caçula costumava ser mais irritada que meu primogênito, então precisei entender seu funcionamento para poder passar uma dose extra de calma e a ajudar a se autorregular com frequência. Não adiantava querer falar com ela na hora do sono, da fome ou da raiva. A única coisa que realmente a acalmava era o colo.

Durante o dia, havia diversas oportunidades de manter a calma para a ajudar a lidar com suas inúmeras frustrações naturais da infância. Foi um grande treino para mim também, que nunca pensei em aumentar tanto os meus "baldes" da tolerância e paciência.

Existem inúmeras oportunidades durante os primeiros anos de vida de um ser humano e cada uma delas se torna um "tijolo" na construção da base emocional do bebê, e cada "tijolo" é co-construído pela natureza das relações interpessoais que cada criança tem com os adultos ao seu redor. Por meio desse processo interpessoal, todos desenvolvemos nossa capacidade individual de autorregulação.

É importante ressaltar que, embora os pais muitas vezes se preocupem com o fato de não estarem fazendo o suficiente por seus filhos, a corregulação bem-sucedida não requer atenção constante. Sabemos que a demanda emocional de uma criança é muito grande e, mesmo que tentemos, não conseguiremos atender a todas as necessidades de nossos filhos a cada momento. Seria algo humanamente impossível de se fazer.

A mensagem principal que precisamos guardar é que os relacionamentos são importantes, e o cérebro infantil requer que os pais sejam consistentes, previsíveis, sintonizados e corregulators amorosos para seus filhos, mas isso não significa que você precise estar 24 horas disponível para eles.

## USANDO OS 3Rs DA EDUCAÇÃO NEUROCONSCIENTE PARA AJUDAR SEU FILHO A SE AUTORREGULAR NA PRÁTICA

**Primeiro R – Regular**

Mantenha o controle de suas reações e não leve o comportamento do seu filho para o lado pessoal.

Um adulto que está atento às suas emoções e reações consegue usar a razão para se autorregular mesmo em momentos desafiadores e servir de apoio para corregular com a criança.

Quando ela está chorando ou em um momento desafiador, evite falar ou querer ensinar algo. Mantenha sua calma para ajudá-la a se autorregular. Nessa hora, você vai funcionar como um córtex pré-frontal para sua criança, aquela parte do cérebro que pensa, analisa e raciocina, mas que ainda não está madura em seu filho.

Quando a criança estiver mais calma, então é hora de partir para o próximo R.

**Segundo R – Relacionar**

Aqui a conexão emocional é a chave!

Agora é hora de abraçar, trocar sorrisos e conversar.

Depois que a criança se sente acolhida, compreendida e segura, ela se conecta e se abre para se relacionar e aprender.

Nesse momento, você se conecta e redireciona a atitude ou ensina o que for preciso, pois seu cérebro e o dela já estão funcionando no modo "socializar", e não mais no modo "lutar ou fugir".

**Terceiro R – Resolver**

Dentro desse terceiro R, a criança já está pronta para raciocinar e aprender a resolver qualquer problema com a ajuda dos pais ou outro adulto de confiança. Nesse ponto, ela pode focar em soluções, pensar em formas de resolver a situação, falar sobre o que sente, aprender novas formas de agir e colaborar com os pais.

## E COMO O ADULTO PODE CORREGULAR COM UMA CRIANÇA?

Primeiramente, focando na própria regulação emocional.

A autorregulação durante uma interação estressante com uma criança ou adolescente não é tarefa fácil. Os pais e cuidadores podem precisar de apoio e treino para desenvolver as próprias habilidades de enfrentamento e calma, o que, por sua vez, os ajudará a modelar essas habilidades para suas crianças.

A primeira coisa a fazer é focar na sua capacidade de autorregulação para poder corregular com sucesso com o outro:

- Pause, lembre-se de que você é o adulto da relação e tenha uma conversa interna positiva e com compaixão, lembrando que estamos todos aprendendo;
- Responda calmamente a uma criança, isso ajuda a evitar que os sentimentos negativos dela aumentem e ainda modela importantes habilidades de comunicação;
- Preste atenção em seus próprios sentimentos e reações durante interações estressantes com uma criança;
- Perceba seus pensamentos e crenças sobre comportamentos de outras pessoas, pois simples pensamentos ou julgamentos podem disparar atitudes de raiva ou agressividade.

Um pensamento gera uma emoção, que gera um comportamento. Se você conseguir, racionalmente, escolher pensamentos mais empáticos e positivos em relação ao comportamento de uma criança, automaticamente terá mais paciência e maior tendência de frear seus impulsos automáticos e negativos.

Um adulto que cuida de crianças precisa estar atento às próprias necessidades básicas físicas e emocionais, ele vai precisar perceber seus limites físicos e emocionais e os respeitar em primeiro lugar.

Ter rotina, praticar o autocuidado, descansar quando sentir que precisa, pedir ajuda e, principalmente, ter outro adulto de confiança para falar de seus desafios, dores e dificuldades são atitudes muito importantes no processo de autorregulação emocional, pois um adulto estressado e sobrecarregado dificilmente será capaz de administrar bem as próprias emoções.

À medida que a capacidade de autorregulação da criança aumenta, é necessário menos corregulação dos pais ou cuidador. Para um bebê, o apoio à corregulação será grande, pois bebês precisam de cuidadores para os alimentar quando estão com fome, ajudá-los a dormir quando estão cansados e dar carinho quando estão sobrecarregados.

Em geral, a necessidade de corregulação diminui com a idade. Com isso, os tipos de corregulação que são mais necessários e benéficos mudam ao longo do desenvolvimento.

Os bebês reagem fisicamente às informações sensoriais ao seu redor, com pouca capacidade de mudar sua experiência. Eles precisam de adultos que sejam sensíveis às suas necessidades e capazes de fornecer uma presença calmante em momentos de angústia.

À medida que as crianças crescem, elas ganham capacidade de gerenciar alguns aspectos do ambiente por si mesmas, como se afastar de um barulho alto ou pedir algo para comer. No entanto elas continuam a ter emoções fortes que superam essas habilidades que começam a se desenvolver na infância.

Nesse período de desenvolvimento, os cuidadores podem começar a ensinar e modelar propositalmente habilidades como esperar em uma fila, por exemplo, esperar a vez de falar ou brincar com um brinquedo.

## CONTROLE INIBITÓRIO E O COMPORTAMENTO INFANTIL

Uma das funções executivas mais importantes de serem desenvolvidas para que a autorregulação aconteça é o controle inibitório, pois é por meio dele que adquirimos a capacidade de nos autorregularmos mesmo diante de situações desafiadoras. A inibição é uma das funções cognitivas envolvidas na correção de um comportamento. Essa inibição é o que nos permite ficar calados quando queremos dizer algo que sabemos que não devemos.

É o que nos leva a estudar para uma prova importante, mesmo quando queremos sair com nossos amigos. É o que nos faz ficarmos sentados e em silêncio na sala de aula, mesmo quando queremos conversar com o amigo. É o que nos ajuda a permanecer sob controle, mesmo quando algum carro entra na frente do nosso sem avisar.

O controle inibitório nos permite agir de forma rápida e racional, mesmo diante de situações desafiadoras. Uma inibição bem desenvolvida pode nos ajudar a ter um bom desempenho nas nossas relações pessoais e profissionais.

Muitas vezes, pensamos no controle emocional infantil simplesmente como algo que possa ser desenvolvido a qualquer momento. Esperamos que as crianças, mesmo as pequenas, aprendam a hora exata de agir ou não agir, queremos que elas saibam resolver seus conflitos sem chorar ou até mesmo controlar seus impulsos diante da raiva. Mas antes de esperarmos que elas tenham essas habilidades, precisamos ter a compreensão fundamental de que as crianças precisam primeiro desenvolver a capacidade de autorregulação e de controle inibitório para tomarem decisões mais racionais ao longo do caminho.

E por que é importante entendermos isso?

Porque não podemos esperar das crianças comportamentos e atitudes que ainda não podem ter como, por exemplo, projetar que uma criança de três anos lide bem com a raiva ou a frustração de não poder ficar até mais tarde no parquinho ou pretender que uma criança de quatro anos fique sentada quieta prestando atenção na professora sem se levantar ou conversar.

Por meio desse entendimento, podemos então parar de chamar as crianças de manipuladoras, terríveis, ou dizer que estão agindo propositalmente para nos atacar. Para uma criança conseguir manipular um adulto, ela precisa ser capaz de interpretar o que esse adulto está pensando, perceber o que ele está sentindo diante de uma determinada situação, em seguida armar um "plano" racional para enganar o adulto e executá-lo a seu favor.

A questão é que, até por volta dos seis anos, nenhuma criança pode agir assim simplesmente porque, como vimos anteriormente, a parte cognitiva envolvida no controle de suas atitudes ainda não está desenvolvida. Na maioria das vezes, as crianças choram e fazem "birras" porque é como conseguem demonstrar o que sentem e precisam buscar maneiras de terem suas necessidades físicas e emocionais atendidas.

Por isso é tão necessário entendermos a ciência por trás do comportamento infantil. As funções executivas de uma criança ainda estão em desenvolvimento e dependerão não somente da biologia que envolve esse processo de amadurecimento, mas também do modelo de relacionamento, dos estímulos que receberá e da qualidade das interações que terá com outros adultos durante a infância e adolescência.

## DESREGULAÇÃO EMOCIONAL

"Desregulação emocional" é o termo usado para descrever a incapacidade de usar estratégias saudáveis para lidar com as emoções negativas.

Os indivíduos que experimentam regularmente emoções negativas intensas e avassaladoras são muito mais propensos a usar estratégias não saudáveis de autorregulação, como automutilação.

O que faz com que as emoções pareçam tão avassaladoras?

É realmente importante notar que a experiência de uma emoção em si não é o que leva a dificuldades. É a interpretação de uma emoção que tende a aumentar ou diminuir os sentimentos e a sensação de não ser capaz de os tolerar.

Emoções, pensamentos e comportamento estão interligados e isso pode criar um ciclo emocional vicioso. Imagine a seguinte cena: um amigo do trabalho passa por você e não o cumprimenta e você imediatamente se sente inseguro, confuso, com dúvida ou raiva, que se transforma em uma série de pensamentos como "O que eu fiz de errado?", "Ele deve estar bravo comigo por alguma razão".

Esses tipos de pensamentos podem levar a sentimentos intensos como frustração, medo e insegurança e podem ainda gerar uma negação que se reflete em um forte desejo de não sentir os sentimentos negativos chegando.

Esse desejo pode se transformar em ação como, por exemplo, ligar para seu amigo ou comer um doce para se sentir melhor.

Esse ciclo pode se tornar vicioso e criar um padrão típico ao longo do tempo, a menos que algo seja feito para mudar o ciclo. Perceber os sentimentos iniciais gerados pelo pensamento pode ajudar a quebrar um ciclo emocional vicioso. Ou ainda pensar que o mundo não gira ao nosso redor. Esse amigo poderia ter tido uma noite maldormida e estava distraído, ou brigou com a esposa logo pela manhã e não queria contato social com outras pessoas. Isso se chama tomada de consciência e ela tem o poder de transformar nossos padrões.

Mas se a razão não for usada, a interpretação inicial do evento pode levar a pensamentos e sentimentos ainda mais negativos como, por exemplo: "Nossa amizade está acabando; ela nunca gostou de mim de qualquer maneira. O que acontecerá se ele contar o que sabe sobre mim para os outros? Eu perderei ainda mais amigos? Ah não, de novo não!".

É fácil ver como mesmo um pequeno acontecimento pode se transformar em algo extremamente negativo. Esse ciclo pode ser ainda mais intenso quando os eventos que ocorrem são mais sérios ou de alguma forma se ligam a experiências negativas anteriores, como trauma ou abusos vividos no passado.

Quando seu filho está desregulado, é menos provável que ele compreenda o que você está dizendo porque o córtex pré-frontal está "desligado". Evite rotular, julgar, criticar ou dizer ao seu filho o que fazer para se acalmar. Não espere que ele processe suas intenções racionais nesse momento.

Ofereça apoio emocional e espere a razão voltar para que ele possa ouvir o que você tem a dizer.

## NÃO PODEMOS IMPEDIR UMA EMOÇÃO, MAS PODEMOS ESCOLHER NOSSA REAÇÃO DIANTE DELA

Essa capacidade de usarmos a razão para lidar com o que sentimos não está presente nos bebês e nas crianças, pois seus cérebros ainda estão em desenvolvimento e seus corpos são dominados pelas emoções que sentem.

Por isso é tão importante pais e cuidadores ajudarem as crianças a se acalmarem e lidarem com o que sentem, pois elas não conseguem fazer isso sozinhas.

Um adulto já tem a capacidade de se autorregular, mesmo diante de emoções difíceis como a raiva e o medo, ele pode parar, perceber os sinais da raiva em seu corpo e decidir, de maneira consciente, que vai fazer uma pausa positiva até que a raiva passe, e dessa maneira ele será capaz de evitar atitudes que trarão arrependimento devido ao seu descontrole.

Importante lembrar que, diante de emoções como a raiva ou o medo, os hormônios do estresse tomam conta do nosso corpo e nos preparam para lutar ou fugir.

Ninguém pensa ou toma boas decisões nessa hora, pois nossa amígdala cerebral é ativada e "desliga" a parte racional do cérebro, então é importante se lembrar disso na hora da raiva, pausar, respirar, se autorregular para poder ajudar a criança a se acalmar.

Aprenda a esperar a raiva passar para falar.

Aprenda a controlar seus impulsos para ajudar o seu filho a se acalmar.

E, então, somente após você e seu filho estiverem calmos e prontos para se relacionarem novamente, ensine o que precisa ser ensinado.

Muitas vezes, temos a urgência de querer corrigir as atitudes das crianças na mesma hora, mas nem sempre isso é viável e, na maioria das vezes, não traz resultados positivos, pois a criança não estará aberta para ouvir e aprender em momentos de estresse. Na hora da raiva, ninguém aprende nada, pois nosso córtex pré-frontal é sequestrado pela "amígdala cerebral" e não funciona como deveria. A autorregulação ajuda nosso cérebro a voltar a funcionar racionalmente.

Pense nos momentos em que você estava com raiva ou brigando com seu esposo, namorada ou amigo. Se a outra pessoa tentasse explicar algo nessa hora, provavelmente você não escutaria ou interpretaria de modo irracional o que estava sendo dito.

## NEURÔNIOS-ESPELHO

Uma grande descoberta da neurociência foi a existência dos neurônios-espelho, que são células observadas nos primatas e que são ativadas observando outro primata ou humano envolvido em alguma atividade intencional, como buscar por comida, por exemplo.

Os neurônios-espelho foram descobertos por acaso em 1994, na Universidade de Parma, na Itália, pelos neurocientistas Giacomo Rizzolatti, Leonardo Fogassi e Vittorio Gallese, em pesquisas feitas em macacos Rhesus.

O estudo com macacos tinha como objetivo principal identificar qual área cerebral era ativada ao se executar determinada ação motora, a descoberta ocorreu quando um dos cientistas entrou no laboratório e pegou uma uva-passa. Nesse momento, o cientista percebeu que os neurônios pré-motores do macaco dispararam da mesma forma como nos testes realizados intencionalmente. Então a equipe concluiu que o simples ato de visualizar já era capaz de ativar as áreas motoras cerebrais em que tinham os neurônios-espelho.

Pesquisas posteriores demonstraram que os seres humanos possuem o mesmo tipo de neurônios. Na verdade, humanos possuem mais neurônios-espelho que os macacos.

Uma ação que pode ser explicada pela presença dos neurônios-espelho é quando vemos alguém bocejando e, na mesma hora, bocejamos também. Além disso, as chances de um bebê chorar aumentam muito quando escuta outro bebê chorando. É como se pudéssemos sentir a "dor do outro"; imediatamente, esse mecanismo é disparado mais rápido do que possamos pensar a respeito.

No entanto, antes que uma criança possa regular produtivamente as próprias emoções, ela precisa que esse processo seja modelado para ela. Um pai ou cuidador pode usar sua autorregulação para equilibrar o estado emocional de seu filho e corregular com ele. Regulamos instintivamente uns aos outros usando o sistema de neurônios-espelho.

> "Estamos programados para perceber a mente de outro ser."
> (DR. DAN SIEGEL)

Outros estudos relacionados aos neurônios-espelho dizem respeito à propriedade que estes têm de simular a perspectiva e compreensão da intenção do outro. Os neurônios espelhos em humanos fazem uma imitação mediadora e podem servir a funções superiores, como a empatia.

A função da empatia nos dá a capacidade de compreender o meio externo e gerar sentimentos recíprocos como solidariedade e desejo de compartilhar experiências com o outro.

> A imitação é um importante componente da empatia. Desde crianças, imitamos as atitudes dos nossos pais, amigos e professores. A imitação leva a semelhanças no comportamento, cognição e sentimento, agindo como uma "Cola Social" que nos insere nos padrões comportamentais que vivemos. (DECETY, J.; ICKES, W. THE SOCIAL NEUROSCIENCE OF EMPATHY)

> "Nós compreendemos o outro porque temos dentro de nós a mesma experiência."
> (MERLEAU PONTY)

Dado que os neurônios-espelho estão envolvidos no processo do desenvolvimento da empatia, entende-se que sistemas de neurônios-espelho disfuncionais podem estar ligados a distúrbios caracterizados por déficits de empatia, como no autismo.

> Cientistas do Instituto de Pesquisas de Primatas da Universidade de Kyoto descobriram que bebês chimpanzés aprendem a se alimentar sozinhos apenas observando a mãe.
>
> Os pesquisadores ensinaram uma mãe chimpanzé a identificar letras japonesas de cores diferentes. Quando a letra de uma cor específica era mostrada em uma tela de computador, a chimpanzé aprendeu a escolhê-la entre uma gama de cores.
>
> Quando escolhia a cor certa, recebia uma moeda que introduzia em uma máquina e ganhava uma fruta. Ao longo de todo o processo de treinamento, seu bebê permanecia perto dela.
>
> Para a surpresa de todos, um dia, enquanto a mãe estava tirando a fruta da máquina com a moeda, o filhote foi até o computador. Quando as letras coloridas surgiram na tela, ele escolheu o item correto, recebeu a moeda e foi até a máquina para pegar uma fruta.
>
> Isso levou os pesquisadores a concluir que as crianças absorvem habilidades mais complexas apenas por meio de observação, sem necessidade de serem ensinadas diretamente pelos pais. (SCIENCE, 2001).

Em humanos, os comportamentos básicos, crenças e atitudes dos pais também são "incorporados" pelos filhos, e eles passam a controlar nossas atitudes.

Se você duvida dessa dinâmica, pare para pensar nas vezes em que se surpreendeu vendo seu filho agir exatamente como você, seja repetindo um palavrão, uma agressividade ou uma atitude qualquer.

Esse mecanismo que acontece com os neurônios-espelho é muito mais rápido do que o tempo que levamos para pensar em nossas atitudes. É uma ação totalmente inconsciente.

Isso também explica muitos desentendimentos entre pais e filhos, porque nossa maneira de agir espelha uma coisa e nossa fala diz outra, porém nossas atitudes são mais rapidamente "lidas" e interpretadas pelos nossos filhos do que nossa fala. O sistema de neurônios-espelho das crianças que ainda não falam pode reconhecer facilmente a intenção de seus pais apenas percebendo a raiva, o medo, o tom de voz ou suas microexpressões faciais.

Isso explica também por que muitas vezes não precisamos falar nenhuma palavra para que nossos filhos percebam que algo não está bem conosco.

## NOSSAS EMOÇÕES DIRECIONAM NOSSAS AÇÕES

Assim como uma bússola nos guia na direção correta, as emoções têm o poder de nos guiar para as ações acertadas ou desacertadas. O medo, por exemplo, pode ser muito útil para salvar uma pessoa de uma picada de cobra que ela encontra enquanto caminha em uma trilha. O medo faz com que essa pessoa saia correndo e, nessa situação, correr para evitar uma picada é uma decisão correta e assertiva.

Portanto é crucial julgar nossas emoções e saber quando devemos agir de acordo com elas ou não; em outras palavras, é essencial que entendamos como regular nossas emoções para que possamos usá-las em nosso favor e não para causar problemas.

Um exemplo de como nossas atitudes podem provocar conflitos é quando agimos descontroladamente no momento de raiva e ofendemos ou magoamos alguém que amamos e, em seguida, nos arrependemos e precisamos nos desculpar pelos danos que nossas emoções descontroladas causaram.

É importante aprender a usar a razão para frear nossos impulsos irracionais, pois podemos ferir quem amamos nesses momentos de descontrole. Como diz o ditado: "Quem bate esquece, mas quem apanha, não".

## SENTIR É HUMANO

Todos nós sentimos emoções, negativas ou positivas, diariamente. Quando crianças, nossas emoções são intensas e vamos aprender a lidar com o que sentimos com o passar do tempo, e ainda com o modelo dos nossos pais.

Frequentemente, os pais reprimem as emoções das crianças com frases como:

"Engole esse choro!"
"Isso não foi nada, pare de chorar!"
"Não precisa ficar triste!"

A questão é que impedir que uma criança sinta suas emoções a impedirá de aprender a lidar com elas. Ignorar as emoções é o oposto da inteligência emocional, pois passamos a ignorar as mensagens que nosso corpo nos envia por meio do que sentimos e percebemos ao nosso redor.

A validação emocional é essencial no processo de ensinar uma criança a se autorregular, pois a ajuda a nomear o que sente e a fazê-la perceber que as emoções vêm e vão.

Ao usar um tom de voz calmo e ao ter atitudes compassivas, pais e cuidadores podem ajudar crianças pequenas a nomear o que sentem e validar essas emoções, com frases como:

- "Eu sei que você está triste, tudo bem ficar triste, eu também fico triste às vezes".
- "Você caiu e se machucou, tudo bem chorar, eu sei que dói!".
- "Está com medo do escuro? Vem aqui, eu te protejo, me fala mais sobre o seu medo".
- "Vi que você ficou bravo agora. Quer um abraço para se acalmar?".
- "Percebi que você ficou triste porque queria comprar esse carrinho, mas hoje não deu, que tal juntar dinheiro no seu cofrinho para conseguir comprar?".

Uma criança que possui espaço para aceitar, sentir e falar sobre suas emoções aprende a se autorregular mais rápido, além de desenvolver uma importante habilidade emocional, a compreensão de si mesma, aumentando as chances de sucesso no seu relacionamento consigo e com os outros.

Essa atitude ajuda crianças a se tornarem mais calmas e reguladas. Quando elas crescem com pais que as ajudam a se acalmarem, durante momentos de estresse, elas começam a internalizar estratégias para autorregulação.

Existem três pontos importantes que ajudam a desenvolver habilidades fundamentais de autorregulação:

1. Proporcionar um relacionamento afetuoso e receptivo, demonstrando cuidado e afeto; reconhecer e responder a sinais que sinalizam necessidades físicas e emocionais, fornecendo apoio cuidadoso em momentos de estresse. Os cuidadores podem construir relacionamentos fortes com as crianças, validando e demonstrando seu amor, não importa o que aconteça;

2. Crie um ambiente que seja seguro para crianças explorarem sem riscos de se machucarem. Rotinas também promovem uma sensação de segurança importante, pois a criança gosta e precisa de previsibilidade. Saber o que vai acontecer em seguida a deixa mais calma;

3. Treine importantes habilidades de autorregulação pelo próprio exemplo, criando oportunidades de praticar como um treinador em uma equipe esportiva. Por exemplo, quando seu filho estiver chorando ou com raiva, não ofereça um celular para distraí-lo. Em vez disso, ofereça seu abraço e validação emocional, isso não quer dizer deixar a criança fazer tudo o que deseja, mas quer dizer que, não importa o que aconteça, ela sabe que pode contar com você e com sua habilidade de lidar com as próprias emoções para a ajudar a lidar com as dela.

## MANEIRAS DE AJUDAR AS CRIANÇAS A SE SENTIREM EMOCIONALMENTE SEGURAS

Uma das coisas mais importantes que você pode fazer, como pai ou mãe, é buscar entender os sentimentos e o comportamento de seu filho. Uma criança emocionalmente segura aprende a lidar com as próprias emoções e a se autorregular melhor.

Os pais desempenham um papel fundamental no desenvolvimento emocional de uma criança e alguns conhecimentos básicos contribuem significativamente com o crescimento emocional dessa criança.

### 1. Observe e se mantenha curioso

Uma das maneiras mais simples, mas eficazes, de aprender sobre a experiência de seu filho é a observação cuidadosa. Mostre interesse no que seus filhos estão fazendo ou dizendo.

Observe suas ações, expressões e temperamento. Lembre-se de que cada criança é única. Seu filho será diferente de você e dos irmãos. Faça a si mesmo algumas perguntas que podem ajudá-lo a entender melhor o seu filho.

O que seu filho gosta de fazer? E o que ele não gosta?

Como ele reage quando precisa fazer algo de que não gosta, como o dever de casa ou arrumar os brinquedos?

Quanto tempo seu filho leva para se familiarizar com o ambiente?

Como ele se sente amado? Conversando, brincando, abraçando?

### 2. Dedique tempo para seus filhos

A vida é corrida, especialmente quando somos pais, então acabamos nos tornando pessoas multitarefas, fazendo muitas coisas ao mesmo tempo, e uma dessas "coisas" é cuidar de uma criança.

Se você tem passado muito tempo com seu filho dessa maneira, é hora de parar e refletir. Se você quer compreender melhor seus filhos, precisa priorizar um tempo para eles todos os dias.

As conversas com seus filhos permitem que você saiba o que está acontecendo na vida deles na escola e em casa, qual é a música ou o programa de TV favorito deles e o que os anima e o que não.

Mesmo por curtos períodos, pode ser útil concentrar toda a sua atenção em estar com seu filho e ouvi-lo. Você pode passar muito tempo com ele enquanto realiza outras tarefas, como preparar o jantar e o levar para a escola. Esse tempo também é importante. Até mesmo 15 minutos de um tempo especial dedicado para a conexão podem ajudar muito na criação de um ambiente familiar positivo e na construção do relacionamento com seu filho.

### 3. Tenha um conhecimento básico do desenvolvimento do cérebro

O cérebro cresce nos relacionamentos. Quando as crianças interagem com um cuidador que está focado nelas, isso ajuda a aumentar as conexões entre as células cerebrais. O cérebro é moldado pelas experiências que a criança tem, e isso, por sua vez, impacta em como ela responde a diferentes situações.

As interações positivas podem influenciar o crescimento do cérebro para facilitar o desenvolvimento de uma forma saudável. Por outro lado, experiências adversas, como um ambiente de luta constante ou negligência emocional, podem ter um impacto negativo no desenvolvimento do cérebro.

### 4. Pratique a escuta ativa

Ouvir é importante quando você conversa com seu filho. Você pode iniciar um diálogo para incentivar seu filho a falar, mas depois faça um esforço para ouvir o que ele está tentando dizer.

Você não deve apenas ouvir, mas também deixar seu filho saber que ele está sendo ouvido e levado em consideração. Reconheça o que ele diz e responda para que saiba que você está tentando entender o que ele diz. Se você não entender, faça perguntas para maior clareza.

### 5. Faça perguntas que incentivem a comunicação

Se você deseja que seu filho compartilhe suas intenções, certos tipos de perguntas podem ajudar. Em vez de perguntar "você gosta dessa música?", o que justifica um "sim" ou um "não", pergunte "o que você acha dessa música?", o que oferecerá uma abertura para seu filho dizer mais.

Mesmo que você não saiba a resposta para todas as perguntas que seu filho faz, mostre interesse em respondê-lo, pesquise e volte com a resposta. Nunca descarte a pergunta de uma criança, como fosse sem importância, isso pode desencorajá-la a fazer perguntas a você no futuro.

## AME SEU FILHO COM SUAS IMPERFEIÇÕES

Amar seu filho como ele é significa criar uma sensação de segurança interna nele. É fazê-lo sentir que não importa o que aconteça, o seu amor sempre estará lá.

Diga o quanto ele é importante para você e que ninguém jamais poderá tomar o lugar dele em sua vida. Crie oportunidades para que ele se sinta bem consigo mesmo, abrindo espaço para que ele realize tarefas de sua própria maneira e que se sinta útil aprendendo, se arriscando, acertando e errando.

Uma das maiores dores humanas é a falta de autoestima e o medo de não ser amado e, na grande maioria das vezes, a origem dessas dores vem de crenças desenvolvidas na infância, quando os pais ofereciam um amor condicionado com atitudes como "Se tirar dez na prova, você terá minha atenção e admiração", "Se errar, vai ficar de castigo".

O condicionamento do amor ao comportamento causa uma confusão mental muito grande nos ser humano que passa a acreditar que só é merecedor de amor e realizações se for perfeito, mas perfeição não existe na humanidade, pois os erros fazem parte do processo de aprendizado.

## EDUCAÇÃO EMOCIONAL COMEÇA EM CASA

Vimos que o comportamento infantil é altamente impactado pelas emoções, porém educar fica ainda mais desafiador quando os pais não receberam educação emocional, mas desejam que seus filhos saibam lidar com as próprias emoções.

A segurança emocional vem de dentro e começamos a nos educar emocionalmente quando compreendemos o que sentimos. Podemos ajudar nossos filhos, ensinando-os a identificar o que sentem e, assim, com o tempo, eles aprendem a se sentir confortáveis com emoções diferentes e desafiadoras.

Isso significa aproveitar as situações cotidianas da vida para conversar sobre e validar as emoções do seu filho: "Percebi que você está triste hoje", "Sei que você está chateada porque perdeu sua boneca", "Eu também ficaria com raiva se meu amigo me batesse".

Quando você diz ao seu filho que entende o que ele sente por não conseguir o brinquedo que ele queria, você não apenas nomeia suas emoções, mas também o capacita a entender melhor essas emoções.

Ajudar a desenvolver as habilidades de inteligência emocional do seu filho também significa falar sobre as próprias emoções e como você as administra: "Estou com frio na barriga porque estou ansioso para a entrevista de trabalho hoje", "Estou estressado com tanto trabalho, então vou ouvir minha música preferida para me acalmar". Seu filho aprenderá muito mais observando suas atitudes do que apenas ouvindo suas recomendações.

Quando mostramos às crianças que tudo bem sentir emoções como a raiva, tristeza, medo ou alegria, você as ajuda a desenvolver a consciência sobre as próprias emoções. Tentar ignorar ou reprimir as emoções das crianças torna mais difícil para elas lidar com essas emoções no futuro. Pior, pode levá-las a reprimir o que sentem, aumentando a sensação de vergonha ou medo.

Faça uso das oportunidades diárias para ajudar seu filho a se conectar com o que sente. Fale das emoções sem julgamento ou críticas. Quando a criança sabe que suas emoções são válidas, aumentam muito suas chances de reagir a elas de maneira apropriada.

## RECONHEÇA SUAS PRÓPRIAS NECESSIDADES EMOCIONAIS

Se você é um pai ou mãe emocionalmente distante, é provável que também crie um filho emocionalmente distante. A maneira mais fácil de desenvolver relacionamentos emocionalmente seguros e promover a inteligência emocional de seu filho é aprender sobre suas próprias emoções e como você reage a elas primeiro.

*Você consegue identificar claramente suas emoções?*
_____
_____

*O que as desencadeia?*
_____
_____

*Existem padrões recorrentes em seu comportamento motivados pela emoção?*
_____
_____
_____

*Como você gerencia seus gatilhos emocionais?*
_____
_____
_____

Nossas frustrações passadas, vergonha e sentimentos de raiva podem despertar medos que influenciam nossas atitudes como pais. Ao estarmos cientes de nossas emoções e de como as expressamos e gerenciamos, pode nos ajudar a não as projetar inconscientemente em nosso filho.

Por exemplo, quando sentir raiva, se dê o direito de reconhecer essa emoção sem escondê-la de seu filho, e demonstre como você age quando a sente: "Filho, preciso de alguns minutos para me acalmar antes de conversarmos". Essa atitude mostra ao seu filho que todos sentem raiva, mas que podemos gerenciar essa emoção, de forma racional, em vez de sermos dominados por ela.

## FAÇA UMA PAUSA CONSCIENTE ANTES DE AGIR

Observe o comportamento e faça uma pausa consciente antes de agir. Lembre-se de que grande parte do comportamento das crianças é impulsionado por emoções. Por isso busque olhar para as razões por trás do comportamento.

A empatia é uma característica comum de pessoas emocionalmente inteligentes. Não se trata de aceitar um comportamento inadequado, mas, sim, de entender como seu filho pode se sentir em relação a uma determinada situação. Colocar-se no lugar dele pode ajudar você a ter uma resposta mais racional diante do comportamento dele.

Ouse fazer perguntas para se conectar e reorientar o comportamento do seu filho em vez de afirmar ou acusar:

"Como podemos resolver isso?", "Você quer que eu vá com você?", "Que tal esperar a raiva passar para pensarmos em uma solução?". Quando seu filho percebe sua disponibilidade e apoio, ele se sente seguro e, portanto, mais aberto para colaborar, raciocinar e resolver problemas.

132

Capítulo 6

# O ESTRESSE E O ESGOTAMENTO PARENTAL

O nível de estresse que experimentamos, no dia a dia de uma vida corrida entre trabalhos, estudos, educação dos filhos e convívio familiar, tem um grande impacto na qualidade das nossas relações humanas e em nossa saúde.

Existem diferentes níveis de estresse, e uma vida sem ele seria apática. Em doses pequenas ou moderadas, o estresse é importante e necessário para que possamos agir e realizar nossos projetos, mas quando se torna frequente, e em grande dose, ele precisa de nossa atenção.

O futuro de qualquer sociedade depende de sua capacidade de promover o desenvolvimento saudável da próxima geração. Extensas pesquisas sobre a biologia do estresse agora mostram que o desenvolvimento saudável pode ser prejudicado pela ativação excessiva ou prolongada dos sistemas de resposta ao estresse no corpo e no cérebro.

Todo estresse é negativo?

Não. A ativação prolongada dos sistemas de resposta ao estresse do corpo pode ser prejudicial, mas algum estresse é uma parte normal da vida. Aprender a lidar com o estresse é uma parte importante do nosso desenvolvimento.

Já vimos aqui neste livro que existem três tipos de estresse que uma criança pode vir a enfrentar: positivo, tolerável e tóxico.

Quando os sistemas de resposta ao estresse de uma criança pequena são ativados em um ambiente de relacionamentos de apoio com adultos, o resultado é o desenvolvimento de sistemas saudáveis de resposta ao estresse.

Mas, por outro lado, também precisamos olhar e compreender mais profundamente o esgotamento físico e emocional dos pais e que pode levá-los a sentimentos de solidão, desespero, dificuldades de cuidar dos filhos, de ter prazer nesse papel, e até mesmo vontade de "sumir do mapa".

É importante falarmos sobre isso e compreender como o esgotamento parental, o *burnout*, impacta o cérebro dos pais e seu relacionamento com os filhos.

## IDENTIFICANDO O *BURNOUT* PARENTAL

Como pais, podemos tender a nos concentrarmos nas necessidades dos nossos filhos e dedicar tanto tempo e energia a eles que acabamos negligenciando nossas próprias necessidades. E o resultado disso pode ser um *burnout* parental, um grande esgotamento físico e emocional. Uma condição na qual você pode ficar tão exausto que sente que não tem mais nada para dar.

O problema com o esgotamento parental é que grande parte das pessoas pensa que é uma parte normal da vida de pai ou mãe e o pior é que a maioria dos pais esgotados se sente envergonhada ou culpada por se sentir exausta e esconde seus sentimentos, mas não fazer nada sobre eles pode prejudicar sua saúde mental.

Ser pai ou mãe pode ser muito desafiador e, quando as dificuldades são vivenciadas como crônicas ou constantes, podem causar exaustão física, mental e emocional, sentidas com o estresse crônico causado pela preocupação e cuidados com os filhos.

*"O fato é que criar filhos é um trabalho longo e difícil, as recompensas nem sempre são imediatamente óbvias, o trabalho é desvalorizado e os pais são tão humanos e quase tão vulneráveis quanto seus filhos."*

(Benjamin Spock)

Desde o nascimento, as crianças podem colocar seus pais sob estresse considerável. O simples fato de ser pai ou mãe nos confronta com uma ampla gama de preocupações diárias como dever de casa, explosões, conflitos entre irmãos, problemas comportamentais ou até mesmo problemas de saúde. Quando os pais carecem cronicamente dos recursos necessários para lidar com os estressores infantis, eles correm um maior risco de esgotamento parental.

Se você está lidando com um esgotamento, é como se seu "tanque de gasolina" estivesse vazio e não houvesse posto de gasolina nos próximos quilômetros. Há uma sensação de ausência mental e física semelhante ao sentimento que a culpa pode causar.

Você pode ter sido empurrado para o esgotamento por várias razões, como as expectativas da sociedade em relação aos pais, sua própria percepção de como é ser pai/mãe ou uma falta de ajuda, de autocuidado, de apoio e até por falta de conhecimento para lidar com o comportamento desafiador de seus filhos.

O *burnout* pode se manifestar com distanciamento emocional do seu filho ou irritabilidade. Alguns pais com esgotamento parental podem experimentar esquecimento, aumento de sentimentos de ansiedade ou depressão, e muitos questionam sua capacidade de cuidar de uma criança. Sentimentos de inadequação, confusão e isolamento também são comuns.

Ao contrário de um trabalho, os pais não recebem férias remuneradas e não podem deixar seu papel de pai ou mãe da mesma forma que alguém com esgotamento no trabalho pode encontrar um novo emprego ou simplesmente se demitir.

> Como os pais esgotados muitas vezes se sentem presos a seus papéis, eles também podem sofrer consequências mais graves do que as pessoas que sofrem de esgotamento no trabalho, como ideações suicidas e de fuga (Mikolajczak, M., *et al.*, Clinical Psychological Science, vol. 7, n. 6, 2019).

> Mikolajczak e colegas descobriram que essas ideações eram mais frequentes no esgotamento parental do que no esgotamento profissional ou na depressão (Clinical Psychological Science, vol. 8, n. 4, 2020).

O esgotamento também pode fazer com que os pais sejam violentos ou negligentes com os filhos, mesmo quando eles se opõem a esses comportamentos, pois o *burnout* os leva a práticas parentais coercitivas ou punitivas, podendo aumentar a incidência de maus-tratos infantis.

Pais solteiros ou pais de crianças com necessidades especiais são grupos que enfrentam agentes estressores crônicos e prolongados. Esses pais estão em maior risco de vulnerabilidade a problemas de saúde mental e esgotamento.

## IMPACTOS NA SAÚDE

À medida que o esgotamento progride, o indivíduo pode desenvolver desequilíbrios hormonais, o que pode levar a uma diminuição do desejo sexual.

O *burnout* pode afetar o sono negativamente e de forma crônica, aumentando o risco de problemas de saúde graves, como doenças cardíacas e diabetes.

O esgotamento parental também pode afetar o relacionamento com seu cônjuge.

Seus efeitos mentais podem levar a um estilo agressivo de comunicação e aumento da tensão em seus relacionamentos. Isso pode levar a discussões, ressentimento e até mesmo ao divórcio.

Mas em uma sociedade que atualmente enfrenta tantos desafios e crises ambientais, econômicas e sociais devemos realmente nos preocupar com o esgotamento parental?

A resposta é sim.

Evidências científicas sugerem que devemos, por, pelo menos, três importantes razões:

1. O esgotamento parental aumenta severamente a ativação neuroendócrina crônica (BRIANDA, ROSKAM *et al.*, 2020; Brianda, ROSKAM & MIKOLAJCZAK, 2020) e a carga alostática, que é conhecida por diminuir a capacidade do corpo de se defender contra vírus e patógenos. Numa altura em que a imunidade é fundamental, esse efeito não deve ser subestimado;

2. O esgotamento parental aumenta o risco de negligência infantil e/ou violência contra os filhos (MIKOLAJCZAK et al., 2019;

MIKOLAJCZAK *et al.*, 2020), muito mais do que transtornos próximos (SZCZYGIEL *et al.*, 2020). Os resultados das pesquisas com os pais sugerem que a exaustão severa pode até tornar pais que nunca foram violentos, em violentos. E isso não é surpreendente, considerando que o esgotamento parental aumenta os níveis de cortisol em até o dobro dos pais sem esgotamento (BRIANDA *et al.*, 2020), e que o cortisol é conhecido por alimentar a raiva e as práticas parentais agressivas;

3. O esgotamento parental aumenta as ideações suicidas, muito mais do que a depressão (MIKOLAJCZAK *et al.*, 2019; MIKOLAJCZAK *et al.*, 2020). E isso não é surpreendente, considerando que os pais em *burnout* muitas vezes têm a sensação de que estão presos à fonte de seu sofrimento, sem lugar para se esconder ou buscar conforto, exceto a morte. Se o esgotamento trouxe negligência ou violência, é provável que esta última também participe de impulsos suicidas.

Como o exposto anterior sugere, o esgotamento parental é um transtorno grave que merece atenção. Dada a gravidade de suas consequências para pais e filhos, medidas preventivas devem ser tomadas em nível individual e social.

Se esse esgotamento estiver causando ideias suicidas, é importante entrar em contato com um profissional de saúde mental para obter apoio profissional imediatamente.

**MUDANÇAS PRÁTICAS QUE VOCÊ PODE FAZER**

A maioria dos pais provavelmente experimentará um desgaste parental leve a moderado, especialmente nos primeiros anos de seus filhos, mas se você está se sentindo exausto, reavalie sua forma de ver e levar a vida. Procure oportunidades de diminuir o estresse um pouco a cada dia, priorize o que é importante para você, começando pelo autocuidado. E se está percebendo sintomas de esgotamento, aqui estão algumas mudanças que pode colocar em prática.

**Tenha um hobby.** Faça coisas de que gosta e que lhe tragam alegria e prazer. Volte a jogar seu esporte preferido, tocar um instrumento ou frequentar as aulas de dança que tanto amava antes de se tornar pai ou mãe.

**Busque crescimento pessoal, mudança profissional ou foque em áreas de sua vida pelas quais você é grato.** Essa reavaliação e a mudança de perspectiva podem não eliminar as circunstâncias difíceis de sua vida, mas certamente fornecerão muitos recursos extras para ajudá-lo a superar as dificuldades que está vivendo.

**Não busque perfeição.** Buscar a perfeição como pais, ter medo de errar, autocríticas constantes, autocobrança, incluindo dúvidas sobre os próprios comportamentos, são fatores agravantes para que o esgotamento parental aconteça. E uma reflexão importante a ser feita sobre se cobrar perfeição é: onde começou essa crença de que não poderia errar?

Provavelmente, quando você era ainda uma criança aprendiz sendo castigada pelos pais quando cometia erros naturais ao seu processo de aprendizado.

Os erros fazem parte do aprendizado humano, mas aprendemos com as gerações passadas que erros eram motivos para castigos e, se estamos sendo castigados, é porque provavelmente não somos bons o suficiente ou não somos dignos de ser amados, então só nos resta buscar a perfeição.

Muitos internalizaram, mesmo que de forma inconsciente, a seguinte mensagem: "Só serei digno de amor se for perfeito, mas se errar merecerei ser castigado". A questão é que essa crença é levada não apenas para a relação consigo, mas se estende para a relação com os filhos, com todos à sua volta e, principalmente, para o seu papel mais importante, o de pai ou mãe.

O que acaba resultando em exaustão, sobrecarga e esgotamento.

Alguns estudos mostram que a competência emocional anula o efeito prejudicial das preocupações perfeccionistas no esgotamento parental, ou seja, aprender a usar a razão para gerenciar os próprios pensamentos e atitudes é fundamental na reversão de um quadro de *burnout*.

E pais que se cobram perfeição apresentam uma maior probabilidade de ter *burnout* parental devido à grande e constante cobrança interna.

**Compartilhe o que sente.** O compartilhamento aberto e sincero de sentimentos de esgotamento pode facilitar o recebimento de apoio de outros adultos. Esse é um recurso muito necessário para pais altamente estressados, com falta de habilidades emocionais e de enfrentamento, nos desafios vivenciados com os filhos.

Quando falamos sobre o que sentimos, aumenta a atividade cerebral em nosso córtex pré-frontal e diminui na parte primitiva que sente e nos faz agir por impulso. Ou seja, quando transformamos nossos sentimentos em palavras, estamos usando a razão para solucionar os problemas causados pelas emoções.

> Traduzir os sentimentos em palavras produz efeitos terapêuticos sobre o cérebro. Quando expressamos sentimentos com palavras, aumentamos o nível de ativação do córtex pré-frontal e isso produz uma resposta reduzida na amígdala cerebral (LIEBERMAN *et al.*, 2007).

O psicólogo americano, James Pennebaker, fala em seu livro *Como a escrita expressiva melhora a saúde e alivia a dor emocional* que a saúde física e psicológica das pessoas melhora quando elas falam ou escrevem a respeito de seus problemas.

Traduzir uma experiência emocional em linguagem, falando ou escrevendo sobre ela, altera a forma como ela é representada e entendida em nossa mente e em nosso cérebro, fazendo com que o córtex pré-frontal fique mais envolvido na resolução do problema.

O problema é que, quando os pais se sentem esgotados, muitas vezes se percebem isolados e envergonhados, o que pode impedi-los de um diálogo saudável com pessoas que os apoiam.

Eu sei que admitir que você está enfrentado dificuldades no relacionamento com seus filhos nem sempre é fácil, porque infelizmente a maioria das pessoas está pronta para julgar, e apenas uma pequena minoria para ajudar ou apoiar, mas é importante buscar adultos de confiança ou até mesmo terapias para poder compartilhar os seus sentimentos mais desafiadores.

O primeiro passo é entender que você não é o único a passar por situações como essa. Falar abertamente sobre o esgotamento que sente pode normalizar ainda mais essa síndrome, removendo um pouco do sentimento de vergonha que os pais com *burnout* parental possam carregar.

**Pratique atividade física.** Exercícios aumentam os hormônios do bem-estar em seu corpo. Também podem ajudar a reduzir o estresse e a depressão. Fazer exercícios não significa que você precisa ir à academia todos os dias. Fazer uma caminhada de trinta minutos perto de casa já pode ajudá-lo a se sentir melhor e dar o impulso que precisa para o primeiro passo em direção à mudança.

**Fique atento à sua alimentação.** Alimente seu corpo com alimentos ricos em nutrientes. Evite doces, café ou alimentos pobres em nutrientes, porque esses hábitos diminuirão ainda mais sua energia física.

**Aumente suas habilidades emocionais.** Buscar aprender novas formas de se relacionar com seus filhos, mudar o olhar para cada um deles e especialmente rever a forma com que você se cobra dentro do seu papel de pai ou mãe são atitudes essenciais para conseguir fazer mudanças positivas.

Procure cursos ou terapias para o ajudar a desenvolver a inteligência emocional e a compaixão em suas relações, primeiramente consigo e, depois, com os outros.

**Evite a famosa frase: "Eu deveria".**

Evite a autocobrança com frases como:

*"Eu deveria ser mais calma."*
*"Eu deveria ter mais paciência."*
*"Eu deveria ter mais tempo livre."*
*"Eu deveria parar de chorar."*

Essas afirmações apenas servirão para fazer você se sentir pior, e não vai ajudar em nada se cobrar dessa maneira. Em vez disso, busque pensamentos e falas que façam bem a você, para que possa se recuperar e voltar a sentir prazer nas pequenas coisas da vida, como, por exemplo, encontrar alegria em um abraço, em regar as flores, em olhar para o céu azul ou em ver um sorriso no rosto do seu filho.

Tente trocar sua frase "eu deveria brincar muito mais com meus filhos" por "será ótimo brincar pelo menos cinco minutos com o meu filho hoje".

Tirar o peso das coisas trará mais leveza e prazer. Essa pequena reformulação pode ajudá-lo a lidar com sua realidade atual e diminuir a autocobrança e o sentimento de culpa enquanto se recuperam desse quadro de esgotamento.

**Faça pequenas pausas.** O autocuidado é um componente vital da recuperação de qualquer tipo de estresse, mas nem todos conseguem sair ou viajar sozinhos para se recuperar da exaustão de uma rotina com filhos.

Pequenas pausas podem ajudar muito, por exemplo, trancar a porta do banheiro por cinco minutos para respirar fundo ou se sentar no carro para ouvir uma meditação guiada após as compras no mercado. Esses momentos podem aumentar a sua sensação de bem-estar.

Quando você fizer pausas, busque recalibrar seu pensamento. Como anda sua conversa interna? Você reconhece suas qualidades? Ou apenas se cobra e bota defeitos?

Reconheça a pressão que você pode colocar em si mesmo sobre como deveria estar agindo ou se sentindo, e se lembre de que está fazendo o melhor que pode com os recursos que tem atualmente.

Criar filhos pode ser gratificante e desafiador ao mesmo tempo. Sentir-se exausto e perdido é natural, especialmente nos primeiros anos de vida da criança. Reconhecer os sintomas do esgotamento parental pode ajudá-lo a acabar com esses sintomas antes que piorem.

**Pratique a autocompaixão e o amor-próprio.** Ser capaz de cuidar de si mesmo, sem diálogo interno negativo, é o maior ato de amor-próprio. Somos sempre os mais críticos de nós mesmos e automaticamente presumimos que, quando as coisas não saem como planejado, somos os culpados.

Quando perceber que está pensando coisas negativas sobre si mesmo, respire fundo e troque cada pensamento negativo por um pensamento positivo. Concentre-se no que está sob seu controle e reconheça as coisas que não estão. Ao se concentrar no momento, você pode se tornar uma mãe ou um pai mais atencioso enquanto cuida de si e de seus filhos.

**Busque ajuda profissional, se necessário.** Consultar um profissional de saúde mental o ajudará a entender que tipo de apoio seria melhor para você. Existem muitas opções disponíveis, como terapia individual, terapia de casais e programas de terapia em grupo.

## Capítulo 7

# O IMPACTO DA VIOLÊNCIA NA INFÂNCIA AO LONGO DA VIDA ADULTA

*"O maior terror que uma criança pode ter é não ser amada, e a rejeição é o inferno que ela teme. Acho que todos no mundo, em grande ou pequena medida, sentiram rejeição. E com a rejeição vem a raiva, e com a raiva algum tipo de crime em vingança pela rejeição, e com o crime, a culpa*
*– e há a história da humanidade."*
John Steinbeck - Leste do Éden, 1952

Sem amor, a paz não é possível. Sem prazer, comportamentos de harmonia e igualdade humana não são possíveis. A depressão substitui a alegria, e as drogas são procuradas para afogar a depressão, e a raiva se transforma na violência do homicídio e do suicídio. Steinbeck reconheceu esses fatos, que a ciência já documentou abundantemente.

A ciência, no passado, assumiu erroneamente que os genes, e não a experiência de vida, têm papel principal na formação do cérebro em desenvolvimento para comportamentos pacíficos ou violentos.

O primata mais violento deste planeta contra a fêmea e os filhotes de sua espécie e sua prole é o *homo sapiens*. E nenhuma espécie pode sobreviver ou viver de forma harmoniosa com essa magnitude de violência contra a fêmea e sua prole.

Como nos tornamos o primata mais violento do planeta sendo que nosso parente genético mais próximo, o chimpanzé, com quem compartilhamos 99% dos nossos genes, é o primata mais pacífico do planeta?

Infelizmente, a violência é, na maioria das vezes, uma solução para a violência. Ou seja, violência gera violência. O problema é que, a menos que as verdadeiras causas da violência sejam isoladas e tratadas, continuaremos a viver em um mundo de medo e insegurança.

## DEFINIÇÃO DE VIOLÊNCIA

A Organização Mundial da Saúde define violência como o uso intencional da força física ou do poder, real ou em ameaça, contra si próprio, contra outra pessoa, ou contra um grupo ou uma comunidade, que resulte ou tenha grande possibilidade de resultar em lesão, morte, dano psicológico, deficiência de desenvolvimento ou algum tipo de privação.

Nossa sociedade recrimina e reconhece como violência quando alguém bate em um idoso, quando uma mulher recebe um tapa do marido ou quando um morador de um prédio agride um porteiro, mas existe um tipo de relação onde tapas, palmadas, gritos e ameaças são normalizados e chamados de educação: a relação entre pais e filhos.

Justamente aquela relação que serve de base e modelo para toda uma vida e na qual uma criança espera receber amor, acolhimento, compreensão, e segurança física e emocional, é onde a violência começa na maioria das vezes.

Não está tudo bem seguirmos acreditando que para uma criança se tornar uma pessoa de bem ela precise apanhar, ser castigada ou violentada de alguma forma.

Queremos filhos respeitosos, mas os desrespeitamos.

Queremos filhos empáticos, mas desconhecemos o olhar atento para o outro.

Queremos filhos que saibam lidar com o que sentem, mas explodimos quando sentimos raiva.

Queremos colaboração, mas incitamos rebelião.

Queremos filhos que saibam pensar e tomar boas decisões, mas esperamos obediência cega.

Quanta incoerência existe nesse modelo tradicional de educação.

Como esperar que a violência na sociedade diminua se ela começa dentro de casa, das famílias e no lugar que deveria ser o mais seguro do mundo?

Precisamos rever o que nos ensinaram sobre educar um ser humano para que possamos nos reeducar e quebrar o ciclo da dor e da violência passado de geração em geração.

## A CRIANÇA É SEMPRE A VÍTIMA

Um perpetrador de abuso ou negligência infantil pode ser qualquer pessoa que cuide, tenha contato ou responsabilidade pela criança e isso pode incluir pai, professor, babá ou funcionário da creche, parente, funcionário da escola, motorista de ônibus, atendente de *playground*, zelador, namorado/namorada ou qualquer pessoa com quem a criança tenha contato.

Há também casos em que o pai ou responsável regular pode ser responsabilizado por abuso ou negligência perpetrado por outro; por exemplo, quando um dos pais permite que o cônjuge abuse fisicamente de seu filho, ou quando uma criança é deixada sob cuidados inadequados e, posteriormente, sofre abuso ou negligência.

Não há respostas simples. O abuso ou negligência raramente ocorre em termos claros, simples e específicos. Abuso ou negligência geralmente resultam de combinações complexas de uma série de fatores humanos e situacionais.

A verdade é que qualquer um de nós pode se descontrolar e abusar ou negligenciar os filhos, mesmo sem perceber. O estresse e a sobrecarga do dia a dia podem nos levar a sentir que as responsabilidades da vida são maiores do que podemos suportar.

O que nos impede de desistir ou atacar são habilidades emocionais que aprendemos para lidar com nossa raiva, aceitar e assumir a responsabilidade adulta, reconhecer limites realistas de comportamento e reconhecer que, muitas vezes, precisaremos de ajuda e apoio. Quando os adultos se deparam com uma situação que requer o uso de habilidades de enfrentamento que não foram desenvolvidas, geralmente ocorre abuso ou negligência infantil.

Embora essa explicação seja muito simplificada, ela nos ajuda a entender como o abuso e a negligência podem ocorrer nas famílias. Também explica o que chamo de ciclo da violência ou da dor. As crianças aprendem com os pais. Uma criança que foi criada em um lar onde a violência é uma resposta aceita à frustração, quando adulta, tenderá a reagir violentamente, pois as habilidades necessárias para controlar a raiva ou a frustração nunca foram aprendidas ou desenvolvidas. O que se aprende é a violência como forma de resolver problemas.

Do mesmo modo, pais que não possuem autoestima ou educação emocional não podem repassar essas características para seus filhos. Sem influências externas significativas, a criança provavelmente se tornará um adulto que percebe a si mesmo e a vida da mesma maneira que seus pais. Este é o ciclo de abuso infantil: os adultos tendem a repetir ações e atitudes que aprenderam quando crianças.

Frequentemente, adultos que abusam ou negligenciam crianças compartilham características que refletem sua incapacidade ou dificuldade de desenvolver novas habilidades emocionais. Devemos lembrar, no entanto, que o abuso e a negligência infantil são um problema multifacetado criado por uma mistura de muitos ingredientes, cada um único e tão complexo quanto os indivíduos envolvidos.

Segundo dados do Departamento de Trabalho e Serviços de Família de Ohio, nos Estados Unidos, adultos que abusam ou negligenciam crianças geralmente compartilham várias das seguintes características:

## ISOLAMENTO

Um ombro para chorar e um amigo para se apoiar são coisas que a maioria de nós precisa. Os adultos que abusam ou negligenciam crianças muitas vezes não têm esse apoio. Eles estão isolados física e emocionalmente da família, amigos ou vizinhos. Eles podem desencorajar o contato social e raramente participam de atividades escolares ou comunitárias.

Autoimagem negativa: muitos desses adultos se consideram maus, inúteis ou não amáveis. Filhos de pais com uma autoimagem negativa são considerados por seus pais como merecedores de abuso ou negligência, pois tendem a ver seus filhos como reflexos de si mesmos.

## IMATURIDADE

Essa característica pode ser refletida de várias maneiras:

- comportamento impulsivo;
- uso da criança para atender às próprias necessidades emocionais ou físicas do adulto;
- um desejo constante de mudança e excitação;
- dificuldade com rotinas e estabilidade.

## FALTA DE CONHECIMENTO DOS PAIS

Muitas vezes, abuso ou negligência resultam porque o adulto não entende as necessidades de desenvolvimento da criança. A sociedade espera que as pessoas saibam como educar seus filhos, mas educar uma criança é um trabalho complexo e difícil. Os pais abusivos geralmente são disciplinadores rígidos que ficam frustrados com as expectativas não atendidas. Esses pais tendem a colocar exigências irreais sobre seus filhos e acreditam que eles agem de forma intencional e deliberada contra eles.

## ABUSO DE SUBSTÂNCIAS

Estudos têm mostrado consistentemente uma correlação entre o uso indevido de drogas ou álcool e a ocorrência de abusos e negligência infantil.

## FALTA DE HABILIDADES INTERPESSOAIS

O adulto abusivo ou negligente muitas vezes não aprendeu a interagir com as pessoas, já que formar relacionamentos, socializar e trabalhar em equipe são habilidades que aprendemos principalmente na infância e adolescência.

## NECESSIDADES EMOCIONAIS NÃO ATENDIDAS

Muitas vezes, o pai/mãe abusivo ou negligente não teve suas necessidades emocionais básicas atendidas como: conexão, apoio e amor. Então acaba se tornando incapaz de proporcionar à criança esses sentimentos que permitem crescer e amadurecer de forma saudável.

Na família na qual o abuso físico está ocorrendo, o adulto abusivo pode:

1. ter padrões e expectativas irreais sobre seus filhos;
2. ser rígido ou compulsivo;
3. ser hostil e agressivo;
4. ser impulsivo com pouco controle emocional;
5. ser autoritário e exigente;
6. temer ou se ressentir da autoridade;
7. ter falta de controle ou medo de perder o controle;
8. ser cruel ou sádico;
9. ser irracional;
10. ser incapaz de criar filhos;

11. acreditar na necessidade de disciplina física severa;
12. aceitar a violência como um meio viável de resolução de problemas;
13. ter um medo exagerado de "estragar" a criança;
14. constantemente reagir à criança com impaciência ou aborrecimento;
15. ser excessivamente crítico com a criança e raramente olhar para ela de forma positiva;
16. ter falta de compreensão das necessidades físicas e emocionais da criança;
17. ter falta de compreensão das capacidades de desenvolvimento da criança;
18. percebe-se sozinho, sem amigos ou apoio;
19. ver a busca de ajuda como uma fraqueza;
20. estar envolvido em um relacionamento conjugal dominante-passivo;
21. ter problemas conjugais;
22. ter sido abusado fisicamente na infância.

## AS MUITAS CARAS DA VIOLÊNCIA CONTRA AS CRIANÇAS

A violência contra crianças tem muitas faces e formas: abuso físico, sexual, emocional, negligência ou tratamento negligente, violência doméstica, e muito mais.

A cada cinco minutos, uma criança morre de alguma forma de violência no mundo (Parceria Global para Acabar com a Violência Contra Crianças 2016).

Estima-se que um bilhão de crianças – mais da metade de todas as crianças de 2 a 17 anos – sofreram violência emocional, física e/ou sexual (OMS, 2019).

Uma em cada dez meninas – com menos de 20 anos foi submetida a atos sexuais forçados (UNICEF, 2014).

Quase uma em cada quatro crianças – cerca de 535 milhões em todo o mundo – vive em um país afetado por conflitos ou desastres (UNICEF, 2016).

Os maus-tratos infantis se enquadram em uma ou mais das quatro categorias gerais.

1. **Abuso físico:** o abuso físico é a utilização da força física sobre alguém. Tapas, socos, chutes, empurrões ou a utilização de algum artefato com o objetivo de impor-se pelo uso da força física, oprimir, ferir ou causar qualquer tipo de intimidação ou dano físico.
2. **Abuso sexual:** o abuso sexual pode ocorrer pessoalmente, *on-line* ou *offline*. Pode ser perpetrado por familiares ou não familiares, homens ou mulheres, idosos ou outros jovens.
3. **Abuso emocional:** algum nível de abuso emocional está presente em todos os tipos de abuso ou negligência, embora também possa aparecer de forma isolada. São maus-tratos persistentes de uma criança que têm um impacto severo e negativo em seu desenvolvimento emocional.

O abusador pode utilizar-se de palavras ou atos ofensivos como forma de agressão. Humilhação, exposição, xingamentos, desprezo ou a opressão e submissão fazem com que a vítima se sinta intimidada sem a necessidade de utilização da força física.

4. **Negligência:** em geral, a negligência infantil é considerada a falha dos pais ou cuidadores em atender às necessidades que são necessárias para o desenvolvimento mental, físico e emocional de uma criança. A negligência infantil é uma das formas mais comuns de maus-tratos infantis e continua a ser um problema sério para muitas crianças. Uma criança pode ficar com fome ou suja, ou sem roupa adequada, abrigo, supervisão ou cuidados de saúde. Isso pode colocar crianças e jovens em perigo. Também pode ter efeitos a longo prazo em seu bem-estar físico e mental.

## TIPOS DE NEGLIGÊNCIA

A negligência pode ser apresentada de muitas formas diferentes, o que pode dificultar sua identificação. Mas, de um modo geral, existem quatro tipos de negligência.

> **Negligência física.** As necessidades básicas de uma criança, como alimentação, roupas ou abrigo, não são atendidas ou não são devidamente supervisionadas ou mantidas em segurança.

> **Negligência educacional.** Quando os pais não oferecem ou garantem que seu filho frequente a escola ou tenha acesso à educação.

> **Negligência emocional.** A negligência emocional na infância ocorre quando os pais de uma criança não respondem adequadamente às necessidades emocionais de seu filho. A negligência emocional não é necessariamente abuso emocional na infância. O abuso é muitas vezes intencional; é uma escolha proposital agir de uma forma que é prejudicial. Embora a negligência emocional possa ser um desrespeito

intencional pelos sentimentos de uma criança, também pode ser uma falha em agir ou perceber as necessidades emocionais de uma criança. Os pais que negligenciam emocionalmente seus filhos ainda podem fornecer cuidados para os seus filhos. Eles simplesmente lidam mal com essa parte emocional tão importante por falta de conhecimento sobre o comportamento infantil ou por terem tido suas próprias emoções negadas quando crianças.

Um exemplo de negligência emocional é uma criança que diz aos pais que está triste por algo que aconteceu na escola, mas os pais descartam isso como sendo algo bobo ou irrelevante, em vez de ouvir e ajudar a criança a lidar com a emoção que sente. Com o tempo, a criança começa a aprender que suas necessidades emocionais não são importantes e então pode parar de buscar apoio ou aprende a ignorar o que sente.

**Negligência médica.** Ocorre quando uma criança não recebe cuidados de saúde adequados pelos seus pais. Isso também inclui atendimento odontológico ou quando os pais ignoram as recomendações médicas.

Uma criança que está sendo negligenciada pode não perceber que o que está acontecendo está errado. E ela pode até se sentir culpada pelo que lhe acontece gerando um sentimento de confusão e inadequação muito grandes.

A negligência impacta negativamente a infância. As crianças que foram negligenciadas podem experimentar efeitos negativos a curto e longo prazo na vida. Estes podem incluir:

- problemas ou atrasos no seu desenvolvimento;
- riscos, como fugir de casa, usar drogas e álcool ou infringir a lei;

- entrar em relacionamentos perigosos/tóxicos;
- dificuldade com relacionamentos mais tarde na vida, inclusive com os próprios filhos;
- maior chance de ter problemas de saúde mental, incluindo depressão.

Pais negligentes frequentemente vêm de famílias nas quais foram negligenciados quando criança. Como resultado, eles podem não ter as habilidades parentais necessárias para atender às necessidades emocionais de seus filhos.

Da mesma forma, a raiva, o ressentimento e a falta de autoconhecimento podem levar os pais a ignorar os pedidos, sentimentos e dúvidas de seus filhos.

## TRANSMISSÃO INTERGERACIONAL DE ABUSO E NEGLIGÊNCIA

> Embora a maioria dos sobreviventes de maus-tratos infantis não maltrate seus próprios filhos, algumas evidências sugerem que os adultos que foram abusados ou negligenciados quando crianças correm maior risco de abuso ou negligência intergeracional em comparação com aqueles que não foram maltratados quando crianças (KWONG, BARTHOLOMEW, HENDERSON, & TRINKE, 2003; MOUZOS & MAKKAI, 2004; PERAS & CAPALDI, 2001).

Isso demonstra que os pais que sofreram abuso físico na infância eram significativamente mais propensos a se envolver em comportamentos abusivos em relação a seus próprios filhos ou crianças sob seus cuidados.

Crescer em ambientes familiares abusivos pode ensinar às crianças que o uso de violência e agressão é um meio viável para lidar com conflitos interpessoais, o que pode aumentar a probabilidade de que o ciclo de violência continue quando atingirem a idade adulta.

## RELAÇÃO ENTRE VIOLÊNCIA NA INFÂNCIA E CRIMINALIDADE

Uma das grandes preocupações que me assombravam quando nos mudamos para os Estados Unidos era entender por que existiam tantos atiradores no país. O que levava um adolescente ou um adulto a carregar um revólver e sair atirando contra dezenas e até centenas de vidas e acabar, na maioria das vezes, tirando a própria vida em seguida?

Não ter essa resposta me inquietava.

E muitos desses tiroteios aconteciam nas escolas americanas, onde os meus filhos estudariam também.

Decidi começar a estudar essas questões e buscar respostas para esse tipo de conduta. Então descobri que pesquisas feitas com encarcerados americanos mostraram que grande parte de seus detentos veio de uma infância violenta ou com grandes adversidades a serem enfrentadas.

Pesquisas mostram que os principais fatores socioambientais que resultam em violência são: maus-tratos na infância, pobreza, criminalidade, sendo que o maior nível de evidência está relacionado à negligência parental precoce.

A interação entre fatores biológicos, como a genética, e um ambiente desprovido de amor e segurança emocional aumenta os riscos para o desenvolvimento de comportamentos agressivos e violentos na vida adulta.

Um estudo publicado em maio de 2012 pela International Journal of Environmental Research and Public Health demonstrou que abuso físico, sexual ou emocional vivenciado durante a infância causam impactos negativos e previsíveis no desenvolvimento da personalidade humana.

E as taxas de trauma infantil e adulto são notavelmente elevadas entre os homens encarcerados. Mais da metade dos presos do sexo masculino (56%) relatou ter sofrido trauma com abusos físicos na infância.

O trauma, tanto vivenciado quanto testemunhado, muitas vezes continua na idade adulta. Os estudos mostraram que todos os tipos de trauma infantil (físico, sexual e negligência) aumentam o risco de repetição de padrões violentos ao longo da vida.

O abuso emocional, principalmente o abandono, também foi uma prevalência entre os homens encarcerados. Muitos relataram terem sido abandonados por seus cuidadores durante a infância ou adolescência.

Outra pesquisa conduzida em 2016 pela Força-Tarefa Nacional nos EUA demonstrou que a exposição à violência afeta aproximadamente duas em cada três crianças americanas, e 90 por cento dos delinquentes juvenis nos Estados Unidos [experimentaram] algum tipo de evento traumático na infância e até 30% dos jovens americanos envolvidos com a justiça atendem aos critérios para transtorno de estresse pós-traumático devido a traumas vivenciados durante a infância.

A incidência de altas taxas de trauma e abuso na infância entre indivíduos envolvidos em atividades criminosas não deve ser uma surpresa. Quando compreendemos a importância das relações e do ambiente na formação da arquitetura do cérebro humano, especialmente no início da vida, mudamos a nossa visão sobre a violência na vida adulta.

Nem todos terão a oportunidade de ler um livro sobre neurociência e/ou encontrar uma oportunidade de se autoconhecer e curar suas feridas durante a adolescência ou início da vida adulta.

Ou muito menos obter o conhecimento necessário para mudar seus padrões aprendidos e repassados, de geração em geração, antes de replicarem a agressividade e a violência que sofreram com outras pessoas que cruzaram o seu caminho ao longo da vida.

A criança que cresce em ambiente hostil acredita que a falta de afeto, empatia e respeito é a maneira correta de ser tratada e de tratar as pessoas ao seu redor. Compreender isso é o primeiro passo para que pais e profissionais da infância mudem sua visão sobre a forma de educar e tratar uma criança.

Castigos, punições e ameaças não educam, mas deixam feridas que serão lembradas durante toda uma existência, se não forem olhadas, tratadas e curadas ao longo do caminho.

Mas também é certo que nem todas as crianças que passam por experiências adversas na infância se voltam para o crime, ou para a violência, no entanto, existe a comprovação de que, quanto maior o número de adversidades enfrentadas quando crianças, maior também a probabilidade de vícios, depressão e repetição de padrões violentos na vida adulta.

A violência parental, tanto a emocional quanto a física, pode impedir que as crianças se sintam seguras em suas próprias casas. Elas podem vir a acreditar que serem agredidas ou desrespeitadas é "normal", e que os relacionamentos são perigosos, pois elas viveram a experiência de não poder confiar nos adultos próximos, como pais ou professores, que usavam de castigos, tapas, gritos ou qualquer outro tipo de agressividade na relação com elas.

O problema é que as crianças podem, com o passar do tempo, se unir a grupos de amigos que usam drogas, praticam vandalismo, abusam do álcool ou que cometem pequenos crimes para evitar que outros as vejam como fracas ou ainda para neutralizar sentimentos de desespero e impotência, perpetuando o ciclo de violência e aumentando o risco de encarceramento na adolescência ou vida adulta.

Nossa sociedade defende medidas que "sejam duras", como solução para reduzir o crime, mas prender as pessoas, como forma de combater o crime, não resolverá o problema, porque as causas da violência estão em nossos valores básicos humanos e na forma como nos desconectamos de nossa natureza e olhamos para a infância do ser humano.

Para conseguirmos desfazer os danos causados por inúmeras gerações violentas anteriores, serão necessárias muitas gerações futuras para transformar nossa psicobiologia de violência em uma de paz.

Castigos físicos, filmes violentos e programas de TV ensinam aos nossos filhos que a violência física é normal. Mas essas primeiras experiências de vida não são a principal fonte de comportamento violento no ser humano.

## ABUSO DE SUBSTÂNCIAS NA ADOLESCÊNCIA E VIDA ADULTA

Um estudo feito pelo Department of Psychiatry and Behavioral Sciences, da Emory University School of Medicine, nos Estados Unidos, demonstrou que a exposição a experiências traumáticas, especialmente aquelas que ocorrem na infância, tem sido associada a transtornos por uso de substâncias, incluindo abuso e dependência de drogas, e também são altamente frequentes em transtorno de estresse pós-traumático.

Esse estudo examinou a relação entre trauma na infância e uso de substâncias em uma amostra de 587 participantes, todos recrutados nas salas de espera da clínica médica e ginecológica do Grady Memorial Hospital, em Atlanta, GA.

O resultado: nessa população altamente traumatizada, foram encontradas altas taxas de dependência de várias substâncias ao longo da vida (39% de álcool, 34,1% de cocaína, 6,2% de heroína/opiáceos e 44,8% de maconha). O nível de uso de substâncias, particularmente cocaína, está fortemente correlacionado com os níveis de abuso físico, sexual e emocional na infância.

Esses achados apoiam a conclusão de que o abuso e a dependência de álcool e drogas entre adolescentes e adultos têm raízes na infância, especialmente em experiências traumáticas pré-natais e perinatais que estão obviamente além do controle dos viciados em drogas.

Igualmente claro é que tais indivíduos não podem ser responsabilizados criminalmente por seus comportamentos de abuso de substâncias, que têm suas origens em experiências de vida pré-natais e perinatais, um fator que os advogados precisam levar em consideração nas defesas de toxicodependentes e viciados nos tribunais criminais. O que essas pessoas realmente precisam é de tratamento para curar seus traumas de infância e poderem construir uma vida minimamente saudável e funcional.

## COMEÇA EM CASA - ADAPTAÇÃO A UM MUNDO VIOLENTO

Milhões de crianças são vítimas ou testemunhas de violência em casa, na comunidade ou na escola. Embora comunidades, escolas e lares, na maioria, sejam seguros, crianças ao redor do mundo sofrem violência em um ou mais desses ambientes.

Para algumas crianças, uma comunidade e uma escola seguras podem ajudar a amortecer o impacto da violência em casa. A criança de maior risco, no entanto, não está segura em nenhum lugar; sua casa é caótica e abusiva, sua comunidade é impactada pela violência de gangues que usam drogas, e as escolas mal são capazes de fornecer segurança contra *bullying* e ameaças.

Essas crianças crescem com um sentimento generalizado de ameaça. O medo persistente e as adaptações neurofisiológicas a esse medo podem alterar o desenvolvimento do cérebro da criança, resultando em alterações no funcionamento fisiológico, emocional, comportamental, cognitivo e social.

As estatísticas de crimes violentos, no entanto, subestimam grosseiramente a prevalência da violência no lar. É provável que menos de 5% de toda a violência doméstica resultem em um relatório criminal.

Essa violência assume muitas formas. A criança pode testemunhar a agressão de sua mãe pelo pai ou namorado. A criança pode ser vítima direta de violência, física ou emocional, do pai, da mãe ou até dos irmãos mais velhos, mas nenhuma denúncia será feita, na maioria das vezes.

A criança também pode se tornar a vítima direta do homem adulto se ele tentar intervir e proteger a mãe ou o irmão. Embora todos eles causem violência física, elementos destrutivos adicionais dessa toxicidade intrafamiliar são a violência emocional, humilhação, coerção, degradação, e a ameaça de abandono.

A violência se desenrola nas mídias sociais e está em toda parte. Há acesso imediato à violência em tempo real e ao vivo dos noticiários da TV. Vídeos que circulam amplamente de pessoas lutando nas ruas, até imagens ao vivo de mortes envolvendo cidadãos e policiais, o acesso instantâneo via mídia social está disponível para todos nós, incluindo os olhos mais jovens.

Há evidências que sugerem que crianças pequenas têm mais dificuldade em distinguir fantasia de realidade. Por exemplo, quando elas assistem desenho animado na TV e acreditam que é uma realidade.

De acordo com a National Child Traumatic Stress Network, "experimentar um evento traumático anterior não fortalece a criança; em vez disso, os efeitos se somam". Isso significa que à medida que as crianças testemunham repetidamente a violência, elas tendem a ter reações mais intensas a outro trauma. E para a criança que já está lidando com traumas em casa ou na escola, essas experiências se sobrepõem e podem afetar significativamente seu desenvolvimento.

Capítulo 8

# TRAUMAS DE INFÂNCIA E A SAÚDE DO ADULTO

## VAMOS COMEÇAR ENTENDENDO O QUE É UM TRAUMA

Muitas vezes ouvimos coisas como "fui demitido e foi um trauma para mim" ou "quando meu namorado terminou comigo, fiquei totalmente traumatizada". Com a palavra trauma sendo usada tão vagamente e para definir uma infinidade de problemas, como saber o que esse termo realmente significa?

Existem muitas definições para trauma, mas escolhi usar duas nas quais acredito e fazem muito sentido na minha visão como profissional da saúde e do comportamento humano.

De acordo com o especialista em trauma Bessel Van Der Kolk, autor de *The Body Keeps the Score*, entender como o trauma afeta o corpo pode nos ajudar a distinguir entre trauma verdadeiro e incidentes, que, embora angustiantes, não são realmente traumáticos.

Segundo ele, o trauma é um evento que sobrecarrega o sistema nervoso central, alterando a maneira como processamos e lembramos a situação. "Trauma não é a história de algo que aconteceu naquela época... É a marca atual dessa dor, horror e medo que vivem dentro das pessoas".

Segundo Dr. Bruce Perry, médico americano e psiquiatra especialista em trauma infantil, o trauma é algo subjetivo e por isso tão fácil de ser mal interpretado, mas sempre será relacionado a um evento negativo.

Sendo assim, Dr. Bruce Perry define trauma como algo que depende de três fatores, que ele chama de "Os três Es":

- **Evento (objetivo);**
- **Experiência (subjetivo);**
- **Efeito (individual).**

> Por exemplo, imagine que de repente começa um incêndio em uma escola primária. Para o bombeiro, o fogo causa uma estimulação moderada em seu sistema de resposta ao estresse, pois é algo esperado e que ele sabe como controlar.
>
> Para a criança da quarta série que está na sala do outro lado da escola, em um lugar seguro e longe do fogo, essa experiência pode parecer interessante e um pouco estimulante, mas seu sistema de resposta ao estresse não será ativado.
>
> Já para uma criança da primeira série que estava dentro da sala de aula no momento do incêndio e presenciou as chamas vindo em sua direção, o seu estado era de verdadeiro terror. O sistema de resposta ao estresse dessa criança do primeiro ano pode se tornar ativado por um longo período como resultado dessa experiência e resultar em trauma.

> Com isso em mente, podemos concluir que um evento pode ser inconveniente, difícil ou estressante, mas isso não necessariamente significa que é traumático. (PERRY, 1995).

O trauma também pode ser influenciado por muitas outras questões, como predisposição genética, a idade quando o evento aconteceu. Quanto mais cedo, maior a possibilidade de trauma.

O mais importante depois de um trauma é a qualidade das relações humanas, especialmente com a família, para apoiar o indivíduo e o ajudar a se regular após esse evento de natureza traumática.

Segundo o psiquiatra americano, Paulo Conti, a causa raiz dos problemas de muitas pessoas é o trauma, uma questão insidiosa que não é suficientemente compreendida, discutida ou tratada.

O trauma muda a biologia de nossos cérebros, distorcendo nossos pensamentos para que nos culpemos e queiramos esconder nossos medos e vergonhas, causando estragos em nossas vidas.

> É típico que as pessoas voltem toda essa dor para dentro, o que dá origem a muitos dos problemas que nos atormentam – beber excessivamente, abusar de drogas, ignorar problemas médicos, permanecer em relacionamentos prejudiciais, comer mal, perder o sono... E depois há os problemas que surgem ao colocar essa dor para fora – abuso infantil, estupro, crimes de ódio, espancamentos fora das escolas e bares, raiva no trânsito, acidentes por direção imprudente. (CONTI, Paulo)

O trauma envelhece nossas células além de sua idade cronológica, altera hormônios e neurotransmissores e altera a expressão gênica de maneiras que podem ser transmitidas para as próximas gerações pelos mecanismos epigenéticos.

Ele também sobrecarrega nossos mecanismos de enfrentamento e nos deixa diferentes, mudando a forma como vemos o mundo e a nós mesmos a partir do evento traumático.

Há um famoso ditado popular que diz: "O que não me mata, me fortalece". Importante entender que enfrentar adversidades podem nos deixar mais resilientes, mas não é verdade que o que não nos mata nos torna mais fortes. Segundo Conti, em seu livro *A epidemia invisível: como funciona o trauma e como podemos nos curar dele*, o trauma que não nos mata pode nos tornar mais fracos de várias maneiras. Pode nos predispor à depressão, problemas de sono, ataques cardíacos, derrames, doenças imunológicas, e podemos passar isso para as crianças, mesmo que as crianças sejam concebidas anos depois.

O trauma pode ser agudo como uma agressão, um problema médico, um acidente de carro, a morte de um ente querido ou pode ser crônico como racismo, abuso, *bullying*; ou pode ainda ser causado pelo testemunho da dor dos outros e, como resultado da empatia, causar terror e sofrimento.

Muitas pesquisas sobre trauma baseiam-se em relatos de experiências adversas na infância, conhecidas como ACE (nomenclatura em inglês para *Adverse Childhood Experiences*), mapeadas em um estudo sobre adversidades vividas na infância e adolescência em 1998 pelo Dr. Vincent Felitti.

Como profissional da saúde, conhecer esse estudo sobre experiências adversas na infância me trouxe a certeza de tudo que sempre acreditei. A de que o que acontece na infância não fica na infância. Impacta não somente a saúde emocional humana, mas a física também.

Na introdução deste livro, comentei sobre meu grande desejo de compreender como nossas relações, experiências, sentimentos e atitudes estavam ligados à nossa saúde emocional e física. E, neste capítulo, você vai conseguir entender essa correlação de maneira muito esclarecedora.

## A SAÚDE NA VIDA ADULTA TAMBÉM ESTÁ LIGADA À INFÂNCIA

O maior e mais importante estudo de saúde pública do qual você nunca ouviu falar começou em uma clínica de obesidade em San Diego, na Califórnia.

O estudo que trarei a seguir tornou-se algo muito discutido em serviços sociais, saúde pública, educação, justiça juvenil, saúde mental, pediatria e justiça criminal nos Estados Unidos, e precisa, na minha visão, ser conhecido nos quatro cantos do mundo.

Muitos profissionais aqui nos Estados Unidos dizem que, assim como todos, devemos saber como andam nossas taxas de glicose e colesterol em nosso sangue, também devemos conhecer nossa pontuação em Experiências Adversas da Infância.

Tudo começou em 1985, quando o Dr. Vincent Felitti, médico chefe do revolucionário Departamento de Medicina Preventiva do Kaiser Permanente, em San Diego, não conseguia descobrir por que mais da metade de seus pacientes que lutava contra a obesidade desistia de emagrecer após um certo tempo de tratamento.

Embora pessoas que quisessem perder 20 ou 30 quilos pudessem participar, a clínica foi projetada para pessoas com gordura mórbida, com excesso de peso, muitas vezes acima dos 100 quilos.

Mas o problema é que mais de 50% de seus pacientes obesos estavam abandonando o tratamento antes de terminá-lo, deixando Felitti muito preocupado. Durante uma revisão rápida de todos os registros dos desistentes, ele se surpreendeu ao descobrir que todos os pacientes que deixaram o programa estavam, de fato, emagrecendo.

O mistério se transformou em uma busca que durou 25 anos de estudos, envolvendo pesquisadores dos Centros de Controle e Prevenção de Doenças e mais de 17 000 membros do programa de cuidados de San Diego.

Mas, em 1985, tudo o que Felitti sabia era que a clínica de obesidade tinha um problema sério. Ele decidiu investigar os registros médicos dos desistentes. Isso revelou algumas surpresas: todos os desistentes haviam nascido com peso normal e eles não ganharam peso lentamente ao longo de vários anos.

Felitti descobriu que muitos de seus pacientes ganharam peso de forma abrupta e, depois, se estabilizaram. E, quando perdiam peso, eles recuperavam tudo o que eliminaram ou mais em um período muito curto.

Mas esse conhecimento não ajudou Felitti a resolver o mistério. Então ele decidiu entrevistar algumas centenas dos desistentes. Ele usou um mesmo conjunto padrão de perguntas para todos. E, depois de algumas semanas, nada novo havia surgido das investigações.

O ponto de virada na busca de Felitti veio por acidente.

O médico estava fazendo mais uma série de perguntas padrões com outra paciente do programa de obesidade:

Quanto você pesava quando nasceu?

Quanto você pesava quando começou a primeira série?

Quanto você pesava quando entrou no ensino médio?

Quantos anos você tinha quando se tornou sexualmente ativa?

Quantos anos você tinha quando se casou?

Um dia ele se equivocou e, em vez de perguntar "quantos anos você tinha quando começou a ser sexualmente ativa?", ele perguntou "quanto você pesava quando começou a ser sexualmente ativa?". A paciente, uma mulher, respondeu: "Dezoito quilos".

Ele não entendia o que estava ouvindo. Então perguntou novamente e a paciente deu a mesma resposta, desatou a chorar e acrescentou: "Foi quando eu tinha quatro anos, com meu pai".

De repente, ele percebeu o que havia perguntado.

Alguns dias depois, ele se deparou com outras respostas desse tipo. Então percebeu que seus pacientes estavam fornecendo informações sobre abuso sexual vivido na infância.

E o médico, abismado, comentou: "Isso não pode ser verdade. As pessoas saberiam se isso fosse verdade. Alguém teria me contado na faculdade de medicina".

Das 286 pessoas entrevistadas por Felitti e seus colegas, a maioria foi abusada sexualmente quando criança. Por mais surpreendente que isso fosse, acabou sendo menos significativo do que outra peça do quebra-cabeça que se encaixou durante uma entrevista com uma mulher que havia sido sexualmente abusada quando tinha 23 anos. No ano após o abuso, ela disse a Felitti que ganhou 105 quilos.

E Felitti ouviu uma frase de uma de suas pacientes que trouxe um grande entendimento do problema que ele estava tentando compreender e resolver: "O excesso de peso é ignorado, e é assim que eu preciso ser".

Durante esse encontro, uma percepção atingiu Felitti. Um detalhe significativo que muitos médicos, psicólogos e especialistas em saúde pública não percebiam. As pessoas obesas que Felitti entrevistava estavam 80, 90 quilos acima do peso, mas não viam seu peso como um problema. Para elas, comer era uma solução para seus problemas.

Comer aliviava a ansiedade, medo, raiva ou depressão, funcionava como uma droga, e não comer aumentava a ansiedade, depressão e o medo a níveis intoleráveis para esses pacientes.

A outra maneira que ajudou foi que, para muitas pessoas, apenas ser obeso resolveu um problema. No caso da mulher que foi abusada sexualmente, ela se sentiu invisível para os homens.

No caso de um homem que foi espancado quando era magrinho, ser gordo o mantinha seguro, porque quando ele ganhava muito peso, ninguém o incomodava.

No caso de outra mulher, cujo pai lhe disse – enquanto a abusava sexualmente, quando ela tinha sete anos – que a única razão pela qual ele não estava fazendo o mesmo com sua irmã de nove anos era porque ela era gorda, esse trauma a levou a querer engordar para se proteger.

Felitti não sabia disso na época, mas esse foi o resultado mais importante, a mudança de mentalidade, que se espalharia muito além de uma clínica de emagrecimento em San Diego.

Isso forneceria mais compreensão sobre a vida de centenas de milhões de pessoas em todo o mundo que usam métodos químicos de enfrentamento, como álcool, maconha, comida, sexo, tabaco, violência, trabalho, metanfetaminas, esportes emocionantes para escapar do medo intenso, da ansiedade, depressão ou da raiva reprimida.

Em 1990, Felitti conheceu Dr. Robert Anda, um médico epidemiologista.

Anda começou sua carreira como médico, mas ficou intrigado com a epidemiologia e saúde pública. Quando conheceu Felitti, estava estudando como a depressão e os sentimentos de desesperança influenciavam a doença cardíaca coronária.

Ele percebeu que a depressão e a desesperança não eram aleatórias. "Fiquei interessado em ir mais fundo, porque pensei que deveria haver algo por trás dos comportamentos que os geravam", disse Anda.

O departamento de medicina da Kaiser Permanente, em San Diego, era um lugar perfeito para fazer um megaestudo. Mais de 50.000 membros passaram pelo departamento para uma avaliação médica abrangente. Todas as pessoas que passaram pelo

Departamento de Medicina Preventiva preencheram um questionário médico biopsicossocial (biomédico, psicológico, social) detalhado antes de passar por um exame físico completo e extensos exames laboratoriais.

Seria fácil adicionar outro conjunto de perguntas. Felitti e Anda perguntaram a 26 000 pessoas que passaram pelo departamento "se estariam interessadas em ajudar a entender como os eventos da infância podem afetar a saúde do adulto". Dessas pessoas, 17 421 concordaram.

Antes de acrescentar as novas questões orientadas para o trauma, Anda passou um ano pesquisando a literatura para aprender sobre traumas na infância e se concentrou nos oito principais tipos que os pacientes haviam mencionado com tanta frequência no estudo original de Felitti e cujas consequências individuais foram estudadas por outros pesquisadores.

As pesquisas iniciais começaram em 1995 e continuaram até 1997, com os participantes seguidos posteriormente por mais de 15 anos. A partir de 1994, o estudo "experiências adversas na infância" (ACE), uma parceria entre os Centros de Controle de Doenças (CDC) e Kaiser Permanente avaliou a relação entre comportamentos de risco à saúde de adultos e abuso infantil e disfunção doméstica.

"Tudo o que publicamos vem dessa pesquisa básica com 17 421 pessoas", diz Anda, além do que foi aprendido ao acompanhar essas pessoas por tanto tempo.

Quando Anda se sentou em seu computador para ver as descobertas de suas pesquisas, ele ficou atordoado. "Eu chorei", disse ele. "Vi o quanto as pessoas sofreram e chorei".

Essa foi a primeira vez que os pesquisadores analisaram os efeitos de vários tipos de trauma, em vez das consequências de apenas um. O que os dados revelaram foi incompreensível.

O primeiro choque: havia uma ligação direta entre trauma na infância e o aparecimento de doenças crônicas na vida adulta, bem como doenças mentais, cumprir pena na prisão e questões de trabalho, como absenteísmo.

O segundo choque: cerca de dois terços dos adultos no estudo experimentaram um ou mais tipos de experiências adversas na infância. Desses, 87% experimentaram dois ou mais tipos. Isso mostrou que as pessoas que tiveram um pai alcoólatra, por exemplo, provavelmente também sofreram abuso físico ou verbal. Em outras palavras, as adversidades geralmente não aconteciam isoladamente.

O terceiro choque: uma maior quantidade de experiências adversas na infância resultou em maior risco de problemas médicos, mentais e sociais na idade adulta.

Para explicar isso, Anda e Felitti desenvolveram um sistema de pontuação para ACE's, cada tipo de experiência adversa na infância contava um ponto. Se uma pessoa não teve nenhum dos eventos em seu histórico, a pontuação ACE foi zero.

**As Dez Experiências Adversas da Infância mais frequentes são as seguintes:**

Elas são divididas em três grupos: abuso, negligência e disfunções familiares.

**ABUSO**

**1. ABUSO FÍSICO**

O abuso físico é um dano não acidental. Inclui tapas, surras, lesões ou fraturas. As pessoas causam esses ferimentos batendo, socando, chutando, sacudindo, queimando, jogando ou esfaqueando.

## 2. ABUSO SEXUAL

O abuso sexual é o comportamento sexual com uma criança ou a exploração sexual de uma criança. Esse abuso também inclui exposição indecente e uso de uma criança na prostituição ou pornografia.

## 3. ABUSO EMOCIONAL

O abuso emocional é um comportamento que interfere na saúde mental de uma criança. Esse tipo de abuso inclui gritos constantes, críticas, humilhações, tortura mental, ameaças de abandono e maus-tratos psicológicos.

**O abuso emocional também pode incluir:**

- Menosprezo;
- Rejeição;
- Ridicularização;
- Culpa;
- Ameaça;
- Ignorância;
- Restrição de interações sociais;
- Negação à criança de uma resposta emocional;
- Não falar com a criança por longos períodos.

## NEGLIGÊNCIA

## 4. NEGLIGÊNCIA FÍSICA

A negligência física é quando o adulto deixa de suprir as necessidades básicas da criança. Essa negligência inclui não fornecer comida, roupas, abrigo ou assistência médica. Também inclui a falta de supervisão e cuidado dos pais.

**5. NEGLIGÊNCIA EMOCIONAL**

A negligência emocional é a incapacidade de atender às necessidades emocionais de uma criança. A negligência emocional inclui não fornecer apoio social ou tratamento de saúde mental necessário. Isso inclui quando as necessidades de uma criança são ignoradas. Um exemplo seria se um bebê chorasse e ninguém cuidasse da criança.

**DISFUNÇÕES FAMILIARES**

**6. DOENÇA MENTAL DE UM DOS PAIS**

Viver com um familiar com problema de saúde mental pode ter um impacto significativo na criança. Dependendo do distúrbio, um dos pais pode não cuidar adequadamente da criança. Eles também podem falhar em modelar comportamentos apropriados para os filhos.

**7. PAI OU MÃE ENCARCERADOS**

Crianças com um dos pais encarcerados podem crescer principalmente em uma família monoparental. Ter um pai encarcerado é um desafio para a criança, pois pode causar traumas ou sentimentos de abandono. O pai ausente também pode ter modelado comportamentos inadequados antes da prisão.

**8. VIOLÊNCIA DOMÉSTICA**

Qualquer violência no lar é traumática. Testemunhar a violência contra o cuidador principal, normalmente a mãe, afeta negativamente uma criança. Esse impacto ocorre porque a mãe normalmente é a principal cuidadora. Uma criança forma um apego a ela que tende a ser mais forte do que com outros membros da família. Eles dependem de sua mãe para cuidar deles. Vê-la sendo atacada, machucada ou ferida, especialmente pelo pai, é traumático.

### 9. ABUSO DE SUBSTÂNCIAS

O uso de substâncias por um dos pais ou ambos pode levar a uma variedade de condições inseguras para a criança. Os pais podem não cuidar da criança adequadamente. Também pode haver outros abusos e violência doméstica associados ao uso de substâncias.

### 10. DIVÓRCIO OU PERDA DE UM DOS PAIS

O divórcio pode causar abalos emocionais nas crianças. Alguns pais divorciados expõem os filhos a brigas verbais ou físicas, deixando a criança em situação de vulnerabilidade. Eles também podem ignorar a criança enquanto lidam com problemas de relacionamento e isso pode fazer com que elas se sintam culpadas pelo fim do casamento dos pais.

Existem, é claro, muitos outros tipos de traumas na infância, como o racismo, *bullying*, ver um irmão sendo abusado, perder um cuidador, a falta de moradia, sobreviver e se recuperar de um acidente grave ou testemunhar outros abusos.

O Estudo ACE incluiu somente esses dez traumas de infância porque foram mencionados como mais comuns. Esses traumas também foram bem estudados individualmente em inúmeras pesquisas.

## PONTUAÇÃO ACE E RISCOS PARA DOENÇAS CRÔNICAS

Se alguém foi abusado verbalmente milhares de vezes durante sua infância, mas nenhum outro tipo de trauma infantil ocorreu, isso conta como um ponto na pontuação ACE. Se uma pessoa sofreu abuso verbal, viveu com uma mãe doente mental e um pai alcoólatra, sua pontuação ACE era três.

As coisas começam a ficar sérias em torno de uma pontuação ACE de quatro. Em comparação com pessoas com zero ACE, aqueles com quatro categorias de ACE tinham um risco 240% maior de hepatite, eram 390% mais propensos a ter doença pulmonar obstrutiva crônica (enfisema ou bronquite crônica), depressão (460%) e um risco 1200% maior para cometer suicídio.

Esses também eram duas vezes mais propensos a serem fumantes, sete vezes mais propensos a serem alcoólatras e dez vezes mais propensos a usar drogas injetáveis.

Em comparação com pessoas com resultado zero para adversidades vividas na infância, indivíduos com pontuação acima de quatro possuem uma chance significativamente maior de apresentar:

- Qualquer tipo de câncer: 1,9;
- Derrame: 2,4;
- Diabetes: 1,6;
- Obesidade severa: 1,6;
- De usar drogas ilícitas: 4,7;
- De usar drogas injetáveis: 10,3;
- Isquemia cardíaca: 2,2;

- Bronquite crônica ou enfisema: 3,9;
- Humor depressivo: 4,6;
- Fumar: 2,2%;
- Doenças sexualmente transmissíveis: 2,5.

Fonte: Felitti, 1998.

Pessoas com altos escores de ACE são mais propensas a serem violentas, a ter mais casamentos, mais ossos quebrados por acidentes, mais prescrições de medicamentos, mais depressão, mais doenças autoimunes e mais faltas no trabalho.

Além disso, duas em cada nove pessoas tiveram uma pontuação ACE de três ou mais, e uma em cada oito teve uma pontuação ACE de quatro ou mais. Isso significa que todo médico provavelmente atende vários pacientes com pontuação alta todos os dias.

Como Anda disse: "Não são apenas 'eles'. Somos nós".

O Estudo ACE e outras pesquisas que compõem a ciência ACE forneceram uma abertura para uma melhor compreensão do porquê de as pessoas sofrerem problemas de saúde física, mental, econômica, social, e isso inclui o racismo sistêmico, não importa em que lugar do mundo esses humanos vivam.

## MUDANDO O PANORAMA DA COMPREENSÃO DO DESENVOLVIMENTO HUMANO

Essa descoberta mudou o cenário por causa da difusão dos ACE's no grande número de problemas de saúde pública, depressão, abuso de substâncias, doenças sexualmente transmissíveis, câncer, doenças cardíacas, doenças pulmonares crônicas, diabetes.

O Estudo ACE tornou-se ainda mais significativo com a publicação de uma pesquisa paralela que forneceu a ligação de como as experiências adversas na infância podem afetar a saúde física mais tarde na vida.

O estresse causado por traumas graves e crônicos na infância, como apanhar regularmente, ser constantemente menosprezado e repreendido ou ver seu pai bater com frequência em sua mãe, libera hormônios que danificam fisicamente o cérebro em desenvolvimento de uma criança.

Hormônios de fuga ou luta funcionam muito bem para nos ajudar a proteger nossa vida quando estamos sendo perseguidos por um cão feroz com dentes grandes, lutar quando estamos encurralados ou nos paralisar a ponto de pararmos de respirar para escapar da detecção de um predador. Mas todas essas respostas se tornam tóxicas quando ficam "ligadas" por muito tempo.

O estresse tóxico crônico, viver em modo de alerta por meses ou anos, também pode danificar nossos corpos. Em um estado de alerta constante, o corpo bombeia hormônios do estresse continuamente. Com o tempo, a grande presença de adrenalina e cortisol mantém a pressão arterial elevada, o que enfraquece o coração e o sistema circulatório. Eles também mantêm os níveis de glicose altos para fornecer energia suficiente para o coração e os músculos agirem rapidamente; isso pode levar ao diabetes tipo dois. Muita adrenalina e cortisol também podem aumentar o colesterol.

O excesso de cortisol pode levar à osteoporose, artrite, doenças gastrointestinais, depressão, anorexia nervosa, síndrome de Cushing, hipertireoidismo e diminuição dos gânglios linfáticos, levando à incapacidade de evitar infecções.

Se o sistema de alerta do corpo estiver sempre ligado, eventualmente as glândulas suprarrenais ficam sobrecarregadas e o corpo não consegue produzir cortisol suficiente para atender à demanda. Isso pode fazer com que o sistema imunológico ataque partes do corpo, o que pode levar a doenças auto imunes como o lúpus, esclerose múltipla, artrite reumatoide e fibromialgia.

O cortisol também é muito importante na manutenção da resposta inflamatória adequada do corpo. Assim, sem os efeitos mediadores do cortisol, a resposta inflamatória corre solta e pode causar uma série de doenças.

Se você está cronicamente estressado e experimenta um evento traumático adicional, seu corpo terá problemas para retornar ao estado normal. Com o tempo, você se tornará mais sensível a traumas ou estresse, desenvolvendo uma resposta de gatilho a eventos que outras pessoas podem não compreender.

Pesquisadores biomédicos dizem que o trauma infantil está biologicamente incorporado em nossos corpos: crianças com experiências adversas na infância e adultos que sofreram traumas na infância podem responder mais rápida e fortemente a eventos ou conversas que não afetariam aqueles sem traumas e têm níveis mais altos de indicadores para inflamação do que aqueles que não sofreram traumas na infância. Esse desgaste no corpo é a principal razão pela qual a expectativa de vida das pessoas com pontuação ACE de seis ou mais pode ser reduzida em até 20 anos.

## TRAUMAS AFETAM O APRENDIZADO INFANTIL

Estudos mostraram que, no caso de crianças com quatro ou mais categorias de experiências adversas na infância, suas chances de ter problemas de aprendizado ou comportamento na escola eram 32 vezes maiores do que as crianças que não tiveram experiências adversas na infância.

Essas descobertas sobre o funcionamento do cérebro revelam uma verdade muito difícil de ser ignorada: crianças com estresse tóxico vivem grande parte de suas vidas no modo de luta, fuga ou "paralisadas". Elas respondem ao mundo como se fosse um lugar de perigo constante.

Com seus cérebros sobrecarregados com hormônios do estresse e incapazes de funcionar adequadamente, elas não podem se concentrar no aprendizado. Essas crianças ficam para trás na escola, não conseguem desenvolver relacionamentos saudáveis com os colegas ou criam problemas com professores e diretores, porque são incapazes de confiar nos adultos.

Com desespero, culpa e frustração afetando suas psiques, elas muitas vezes encontram consolo em comida, álcool, tabaco, metanfetaminas, sexo inadequado, esportes de alto risco ou trabalho excessivo.

Consciente ou inconscientemente, pessoas que enfrentaram adversidades importantes na infância usam esses vícios como soluções para escapar da depressão, da ansiedade, da raiva, do medo e da vergonha.

## A PREVENÇÃO É O CAMINHO

Tudo isso significa que precisamos prevenir experiências adversas na infância e, ao mesmo tempo, mudar nossos sistemas de educação, justiça criminal, saúde, saúde mental, saúde pública e local de trabalho para não traumatizarmos ainda mais crianças e adultos que já estão muito traumatizados.

A descoberta dos ACE's revela um entendimento que até recentemente estava oculto por nossa visão limitada. Agora vemos que os impactos biológicos dos ACE's transcendem os limites tradicionais de nossos sistemas de saúde e educação.

As crianças afetadas por ACE's aparecem em todos os sistemas de serviços humanos ao longo da vida – infância, adolescência e idade adulta – como indivíduos com problemas comportamentais, de aprendizagem, sociais, criminais e crônicos de saúde.

Mas nossa sociedade tende a tratar os abusos, maus-tratos, violência e experiências caóticas vividas pelas crianças como uma estranheza em vez de um lugar-comum, conforme revelou o Estudo ACE.

E nossa sociedade acredita que essas experiências são adequadamente tratadas por sistemas de resposta a emergências, como serviços de proteção infantil, justiça criminal, orfanatos e escolas alternativas. Com certeza, esses serviços são fundamentais e dignos de apoio, mas não são um curativo para uma ferida maior da humanidade.

Uma mudança real exigirá a integração da educação, justiça criminal, saúde mental, saúde pública e sistemas corporativos que envolvam o compartilhamento de conhecimento e recursos, que substituirão as abordagens tradicionais causadoras de tantas experiências adversas da infância em nossa sociedade.

E essa realidade não é apenas um problema do governo ou das escolas. Nem do psicólogo ou do pediatra. Não é apenas um problema do juiz do tribunal de menores, mas, sim, um problema de todos.

## TRAUMA PRECOCE

Todas as crianças precisam de lares seguros e cheios de amor. Isso é especialmente verdadeiro para crianças que sofreram traumas graves.

Experiências precoces e dolorosas podem fazer com que as crianças vejam o mundo de maneira diferente e reajam de maneira defensiva em experiências que deveriam ser naturais e agradáveis.

Crianças que foram adotadas, abandonadas, castigadas severamente, ignoradas, abusadas emocional ou fisicamente, precisam de ajuda para lidar com o que aconteceu com elas no passado. Saber o que a ciência diz sobre trauma precoce pode ajudá-lo a trabalhar alguns pontos importantes com seu filho.

Um evento é traumático quando ameaça a segurança física ou emocional da criança ou de alguém de quem a criança depende para sobreviver.

Uma criança assustada pode se sentir descontrolada e desamparada. Quando isso acontece, os reflexos protetores do corpo desencadeiam uma resposta de pânico de "luta ou fuga" que pode fazer o coração bater forte e a pressão arterial subir, e levar a explosões emocionais ou até mesmo a um comportamento agressivo.

Algumas crianças são mais sensíveis que outras. O que é traumático para uma criança pode não ser visto como traumático para outra. As respostas de medo são baseadas no senso de uma criança do que é assustador.

E é sempre mais difícil para aquelas crianças que são negligenciadas, ou criadas por pais que não compreendem ou consideram suas emoções. Essas crianças precisam lutar e se preocupar até com o básico da sobrevivência, que é ter suas necessidades físicas e emocionais atendidas, como alimentação, amor ou segurança.

O trauma tem efeitos mais graves especialmente quando é repetitivo, e acontece sempre na vida da criança, como abusos sexuais, brigas entre os cuidadores, pais viciados em droga ou até mesmo pais que usam gritos e castigos como forma de educar uma criança.

Alguns agravantes, como pouca idade e falta de apoio de adultos empáticos e carinhosos, podem aumentar a intensidade do trauma. Pois, nesses casos, a criança tem menos habilidades de enfrentamento, o que pode impactar diretamente em sua linguagem, aprendizado, saúde e autoestima.

## COMO O CÉREBRO REAGE AO TRAUMA

Quando algo assustador acontece, o cérebro garante que você não esqueça. Eventos traumáticos são lembrados pelo corpo, não apenas por meio de memórias.

Os traumas são vivenciados como um padrão de sensações com sons, cheiros e sentimentos misturados. Eles podem ser sentidos no presente sem que a criança perceba que está experimentando uma memória.

Isso pode fazer uma criança sentir que todo o evento traumático está acontecendo novamente. Esses lembretes ou sensações são chamados de "gatilhos".

Os gatilhos podem ser cheiros ou sons. Podem ser lugares, posturas ou tons de voz. Até as emoções podem ser um gatilho. Por exemplo, estar ansioso com a escola pode relacionar-se com o sentir-se ansioso com a violência em casa. Isso pode causar comportamentos dramáticos e inesperados, como agressão física ou retraimento.

Lembrar de um evento traumático pode fazer com que algumas das reações originais de "luta ou fuga" retornem. Isso pode parecer uma "birra" ou reação exagerada. Às vezes, a ansiedade pode fazer com que uma criança "congele" ou olhe fixamente, como se estivesse em seu próprio mundo.

> As vítimas de trauma não podem se recuperar até que se familiarizem com as sensações em seus corpos e façam amizade com elas. Estar com medo significa que você vive em um corpo que está sempre em guarda. Pessoas raivosas vivem em corpos raivosos. Os corpos das vítimas de abuso infantil ficam tensos e defensivos até encontrarem uma maneira de relaxar e se sentirem seguros. Para mudar, as pessoas precisam tomar consciência de suas sensações e da maneira como seus corpos interagem com o mundo ao seu redor. A autoconsciência física é o primeiro passo para liberar a tirania do passado. (KOLK, Bessel A. van der, The Body Keeps the Score: Brain, Mind, and Body in the Healing of Trauma)

## DISSOCIAÇÃO – UM "DESLIGAMENTO" DO MUNDO REAL

Bebês e crianças pequenas não são capazes de lutar ou fugir de seus pais. Nos estágios iniciais de angústia, um bebê manifestará essa angústia por meio do choro e de gestos corporais, para atrair a atenção de um cuidador.

Essa pode ser uma estratégia adaptativa bem-sucedida se o cuidador alimentar, aquecer e acalmar o bebê, mas, infelizmente, para muitos bebês e crianças, esse tipo de acolhimento não acontece.

Na ausência de uma reação apropriada dos pais ao grito ou choro, a criança desiste de chorar e chamar por seu cuidador, que não responde.

Essa resposta de desistência é bem caracterizada em modelos animais de reatividade ao estresse e "desamparo aprendido", mencionado anteriormente neste livro (Miczek et al.,1990).

Essa reação é um elemento comum da fenomenologia emocional e comportamental apresentada por muitas crianças negligenciadas e abusadas (Spitz, 1945; George & Main, 1979; Carlson et al, 1994; Chisholm et al, 1995).

De fato, adultos, profissionais ou não, muitas vezes se confundem com a não reatividade emocional e passividade de muitas crianças vítimas de abuso. Diante da ameaça constante, o bebê ou criança ativa outras respostas neurofisiológicas e funcionais. Isso envolve a ativação de adaptações dissociativas.

A dissociação é um termo descritivo amplo que inclui uma variedade de mecanismos mentais envolvidos no desligamento do mundo externo e no atendimento a estímulos no mundo interno. Isso pode envolver distração, evitação, fuga, fantasia, despersonalização e, em casos extremos, desmaio ou catatonia.

Crianças expostas à violência crônica podem relatar uma variedade de experiências dissociativas. As crianças descrevem ir a um "lugar diferente", assumindo a *persona* de super-heróis ou animais, uma sensação de "assistir a um filme em que estava" ou "apenas flutuando".

Crianças mais novas são mais propensas a usar adaptações dissociativas. Os observadores relatarão essas crianças como distraídas, robóticas, não reativas, "sonhando acordadas", "agindo como se não estivessem lá", olhando fixamente com um olhar vidrado.

A fuga muitas vezes é o caminho adaptativo natural de crianças que precisam sobreviver em lares onde a agressividade e a violência emocional ou física são frequentes.

Muitas crianças que foram abusadas ou negligenciadas passam a vida sempre no limite e têm dificuldade em manter o controle de suas emoções, porque seu corpo está pronto para fugir ou lutar em legítima defesa.

187

## DISTÚRBIOS ASSOCIADOS

Crianças traumatizadas podem ter problemas de concentração e ficar o tempo todo em alerta. Isso é chamado de "hiperexcitação" ou "hipervigilância". Esses efeitos de traumas passados podem ser facilmente confundidos com hiperatividade e desatenção, sinais clássicos do transtorno de déficit de atenção e hiperatividade (TDAH), e as crianças podem receber esse diagnóstico incorretamente se os cuidadores e médicos não perceberem os efeitos do trauma em seu desenvolvimento.

A criança que sofreu traumas também pode ficar sobrecarregada de emoções e ter problemas quando sai de sua rotina. Com sua necessidade de controle, ela pode ser vista como "manipuladora" ou como sempre querendo que as coisas sejam feitas do seu jeito.

Passar de uma atividade para outra pode ser difícil. Quando essas respostas agressivas são extremas e as reações traumáticas não são consideradas, as crianças podem ser rotuladas como "desafiadoras", ou com "transtorno opositor desafiador".

As crianças que foram adotadas ou estão em um orfanato muitas vezes sofreram traumas. Elas podem ver e responder a ameaças que outros não veem, e seus cérebros podem estar sempre "em estado de guarda". Esses sentimentos fortes são uma resposta aos traumas que aconteceram antes.

Veja algumas estratégias que podem ajudar você e seu filho a lidarem melhor com essas situações:

- Aprenda a perceber e evitar (ou diminuir) "gatilhos". Descubra o que deixa seu filho ansioso. Trabalhe para diminuir essas coisas;
- Estabeleça rotinas para o seu filho (para o dia, para as refeições, para a hora de dormir), para que ele saiba o que esperar;

- Dê ao seu filho uma sensação de controle por meio de escolhas simples. Exemplo: "Você prefere dormir com o pijama amarelo ou azul?";
- Não leve os comportamentos do seu filho para o lado pessoal;
- Tente ficar calmo. Encontre maneiras de responder a explosões que não piorem as coisas. Diminua seu tom de voz. Não grite ou demonstre agressividade. Não encare seu filho com um olhar duro. Crianças traumatizadas são mais sensíveis a fisionomias ameaçadoras;
- Jamais use punição física. Esse tipo de disciplina violenta não deve ser usada com nenhuma criança e muito menos com aquela que foi abusada, isso pode causar pânico e piorar ainda mais o comportamento;
- Deixe seu filho demonstrar o que sente. Ensine-o palavras para descrever seus sentimentos quando estiver calmo, palavras que ele pode usar quando estiver chateado. Mostre maneiras aceitáveis para ele lidar com os sentimentos. Em seguida, elogie-o por expressar seus sentimentos ou se acalmar;
- Seja consistente, previsível, atencioso e paciente. Com o tempo, isso mostra ao seu filho que outros podem ser confiáveis para ficar com ele e o ajudar. Pode ter levado anos de trauma ou abuso para colocar a criança em seu estado atual. Aprender a confiar novamente provavelmente não acontecerá da noite para o dia.

Tudo isso pode ser um processo lento com muitos contratempos, mas as recompensas valem o esforço. Ao entender que as experiências passadas de seu filho afetaram a maneira como ele vê e responde hoje, você dará os primeiros passos para construir um mundo mais seguro e saudável para ele.

Peça ajuda profissional sempre que tiver dúvidas, perguntas ou dificuldades. Existem terapias para ajudar crianças e pais a se ajustarem aos efeitos do trauma.

## SUPERANDO TRAUMAS DE INFÂNCIA

Quando pequenos eventos estressantes acontecem, como quando o brinquedo favorito do seu filho cai no chão e quebra, é bem mais fácil para a criança superar o que sente por conta própria ou com um pequeno apoio emocional dos pais.

Mas se o susto for grande, como, por exemplo, um acidente de carro ou um afogamento na piscina, a criança pode não conseguir processar essa experiência sozinha e, então, surge o que conhecemos como "medo irracional".

A criança pode desenvolver um grande medo de andar de carro ou de chegar perto da água. Podemos diminuir essas sensações causadas pelas imagens traumáticas do cérebro da criança, quando a ajudamos a usar a razão para lidar com a emoção.

Então podemos falar com a criança sobre o que ela sente e pensa, pois quando falamos sobre algo que sentimos, fica mais fácil para a parte racional do nosso cérebro compreender e lidar com os sentimentos. Assim permitimos que a parte lógica do cérebro ajude a compreender a parte visual e emocional motivando a superação da experiência vivenciada.

A criança não vai esquecer o que lhe aconteceu, mas não reviverá a situação com a mesma angústia. Será apenas uma lembrança de uma experiência não muito agradável do passado.

Importante aprender a ouvir a criança sem julgamentos e sem querer diminuir a importância do fato. Empatia é fundamental nesse processo, e, também, a paciência para ouvi-la contar a mesma história quantas vezes forem necessárias. Permita que a criança se expresse e a ajude a dar nome ao que sente e pensa. Esse processo é extremamente poderoso para ajudar crianças a superar eventos traumáticos.

Além disso, busque ajuda médica e psicológica sempre que necessário.

## CRIANÇAS NÃO SÃO RESILIENTES, SÃO MALEÁVEIS

Segundo Perry (1995), as crianças não são resilientes, são maleáveis.

Muitos adultos usam frases como "ela nem sabe o que está acontecendo" ou "ela vai superar isso".

Não é incomum que os pais relatem os eventos traumáticos na presença da criança como se ela não sentisse nada ou fosse invisível.

Muitas vezes, ao relatar o evento, os adultos descrevem que o evento traumático foi aterrorizante para eles, mas, ao descrever as reações da criança, frequentemente interpretam mal os comportamentos não reativos e desapegados dela, como se ela não fosse impactada pelo que aconteceu, "não sendo afetada", em vez de perceber que a forma apática ou dissociada de reagir a um evento era justamente o efeito de um trauma.

Essa visão do adulto em relação à criança é muito destrutiva, pois aumenta o impacto negativo do trauma. É claro que as crianças podem sobreviver ao que lhes aconteceu, pois elas não têm escolha. As crianças não são resilientes, elas são maleáveis. A resiliência é desenvolvida com o passar dos anos, não nascemos com ela.

No processo da criança, de precisar sobreviver a um trauma sem o apoio de um adulto empático, seu potencial emocional, comportamental, cognitivo e social é diminuído.

## QUESTIONÁRIO ACE

## VERIFIQUE SUA PONTUAÇÃO PARA AS ADVERSIDADES VIVIDAS NA INFÂNCIA

Para as respostas do teste, considere o que aconteceu até o seu aniversário de 18 anos. Considere um ponto para cada resposta positiva.

1. Um dos pais ou outro adulto da casa, com frequência ou muita frequência, xingou, insultou, colocou você para baixo ou o humilhou?

    Ou agiu de uma maneira que o deixou com medo de se machucar fisicamente?

    Não___ Sim___

2. Um dos pais ou outro adulto da casa, com frequência ou muita frequência, empurrou, agarrou, esbofeteou ou jogou algo em você? (ou) Já bateu em você com tanta força que ficou com marcas ou se machucou?

    Não___Sim___

3. Algum adulto ou pessoa pelo menos cinco anos mais velha do que você tocou ou acariciou seu corpo de forma sexual? (ou) Tentou realmente ter relação sexual, oral, anal ou vaginal com você?

    Não___Sim___

4. Você sentiu, com frequência, ou muita frequência, que ninguém em sua família o amava ou achava que você era importante ou especial? (ou) Sua família não cuidou um do

outro, não se sentiu próxima ou não se apoiou?

Não\_\_\_ Sim\_\_\_

5. Você sentiu muitas vezes que não tinha o suficiente para comer, tinha que usar roupas sujas e não tinha ninguém para o proteger?

   (ou)

   Seus pais estavam muito bêbados ou drogados para cuidar de você ou o levar ao médico se precisasse?

   Não\_\_\_Sim\_\_\_

6. Seus pais se separaram ou divorciaram?

   Não\_\_\_ Sim\_\_\_

7. Sua mãe ou madrasta, frequentemente ou muitas vezes, foi agarrada, esbofeteada, ou teve objetos atirados nela?

   (ou)

   Às vezes ou frequentemente, ela foi chutada, mordida, golpeada com o punho ou golpeada com algo duro?

   (ou)

   Já apanhou repetidamente por, pelo menos, alguns minutos ou foi ameaçada com uma arma ou faca?

   Não\_\_\_ Sim\_\_\_

8. Você morava com alguém que era alcoólatra ou alcoólatra problemático, ou que usava drogas da rua?

   Não\_\_\_ Sim\_\_\_

9. Um membro da família estava deprimido ou doente mental, ou um membro da família tentou suicídio?

   Não___Sim___

10. Um membro da família foi para a prisão?

    Não___Sim___

    Agora some suas respostas "Sim": ___

    Esta é sua pontuação ACE.

## ENTENDENDO SUA PONTUAÇÃO ACE

Como sabemos, existe uma ligação direta entre pontuações mais altas da ACE e o risco de vários tipos de problemas. Sua pontuação ACE deve, portanto, indicar a probabilidade de risco, bem como alertá-lo para a POSSIBILIDADE estatística desses riscos e não afirmar que você terá problemas.

Vejamos a variedade de pontuações e o que podemos entender a partir delas.

### Pontuação 0

Uma pontuação zero indica uma probabilidade mais baixa de enfrentar condições adversas de saúde na idade adulta. Aqueles com uma pontuação tão baixa têm uma chance menor de começar a fumar, tentar o suicídio, sofrer de depressão e participar do abuso de substâncias.

Mas isso não impede que essa pessoa desenvolva problemas de saúde emocional, mental ou física por outras questões vividas ao longo da vida.

**Pontuação de 1 a 3**

Indivíduos com pontuação de um a três têm um risco intermediário para várias condições de saúde associadas. Por exemplo, sua probabilidade de usar drogas ilícitas aumenta de 11,3 para 21,5%. As associações com alcoolismo e depressão também aumentam de forma correspondente.

O comprometimento social, emocional e cognitivo é familiar a esses indivíduos, assim como a possibilidade de perturbação do neurodesenvolvimento.

**Pontuação de 4 ou mais**

O bem-estar pode ser significativamente prejudicado para aqueles com pontuações ACE de quatro ou mais. A possibilidade de doenças, deficiências e problemas sociais também aumenta substancialmente, conforme mencionado anteriormente neste capítulo.

Também é importante notar aqui que existem muitas lacunas científicas quando se trata de pontuações tão altas de ACE. No entanto, o consenso é que a probabilidade de se tornar um alcoólatra aumenta quatro vezes, enquanto a possibilidade de sofrer de depressão crônica triplica. As chances de doença cardíaca e derrame dobram.

**Se você tiver uma pontuação alta na ACE, significa que está condenado?**

Não!

A boa notícia é que o cérebro é plástico e o corpo quer se curar. O cérebro está continuamente mudando em resposta ao ambiente.

Há pesquisas bem documentadas sobre como o cérebro e o corpo dos indivíduos se tornam mais saudáveis por meio de práticas de *mindfulness*, exercícios físicos, boa nutrição, sono adequado e interações sociais saudáveis.

### A importância das experiências positivas na infância - PCE

Essa sigla significa *Positive Childhood Experiences* - experiências positivas na infância em português.

Embora ainda haja muito a aprender sobre ACEs e como prevenir e mitigar seus efeitos, todos sabemos também que as experiências da infância não se limitam àquelas que envolvem adversidades.

Todas as experiências da infância são importantes e, nos últimos anos, os pesquisadores começaram a examinar os impactos das experiências positivas da infância (PCEs) em crianças e adultos.

Em 2019, uma equipe de pesquisadores – Dr. Christina Bethell, Jennifer Jones, Dr. Narangerel Gombojav, Dr. Jeff Linkenbach e Dr. Robert Sege – encontrou uma associação entre experiências positivas na infância e saúde mental e de relacionamento entre adultos que experimentaram ACEs, independentemente de quantos ACEs tivessem.

Algumas pesquisas mostram que experiências positivas têm o poder de ajudar a "neutralizar" as experiências negativas. Isso significa que é muito importante ter experiências positivas na infância, pois se você viveu muitas adversidades e muitas experiências positivas na infância, é menos provável que sofra as consequências negativas dos ACEs. No entanto se você não tiver experiências positivas na infância e tiver poucas ACEs, as consequências das ACEs são mais prováveis de aparecer.

Em termos de pesquisa, a área de estudos sobre PCEs está surgindo e os limites dessa pesquisa ainda não foram realmente bem definidos, mas a Organização Mundial da Saúde enfatiza que a saúde é mais do que a ausência de doença ou adversidade.

A construção positiva de saúde está alinhada com a promoção proativa de experiências positivas na infância, porque elas são fundamentais para o desenvolvimento infantil ideal e para o futuro do adulto.

Se queremos mudar indivíduos, organizações, comunidades e sistemas, precisamos falar sobre experiências infantis positivas e adversas e como elas se entrelaçam ao longo de nossas vidas.

No nível individual, aprender sobre ACEs nos ajuda a entender por que nos comportamos da maneira que nos comportamos. Aprender sobre PCEs nos fornece direção para a cura. O conceito-chave sobre os PACEs é que aprender sobre ambos, juntos, pode ajudar a melhorarmos a saúde e o bem-estar da nossa sociedade. E isso nos dá esperança[1].

## COMO O QUESTIONÁRIO ACE SE RELACIONA COM A SAÚDE FÍSICA E MENTAL

O questionário identifica os principais fatores de risco que podem levar ao desenvolvimento de problemas de saúde e sociais nas pessoas. Além de sugerir que um indivíduo pode ter maior probabilidade de desenvolver problemas de saúde mais tarde na vida.

Como o estudo ACE sugere que há uma ligação significativa entre experiências adversas na infância e doenças crônicas na idade adulta, incluindo doenças cardíacas, câncer de pulmão, diabetes e doenças autoimunes, o questionário pode ajudar aqueles que têm uma pontuação ACE alta a se tornarem mais informados sobre seu fator de risco aumentado para problemas de saúde.

Também pode incentivá-los a procurar tratamento ou terapia, caso ainda não o tenham feito. Além disso, o estudo destaca como

---
1 Fonte: https://acestoohigh.com/got-your-ace-score/

essas experiências da infância influenciam o possível desenvolvimento de problemas de saúde mental na idade adulta e podem servir para auxiliar os profissionais de saúde a entenderem melhor certos problemas de seus pacientes.

A conexão entre experiências adversas na infância, problemas sociais e saúde mental e física de adultos também pode ser usada para ajudar a informar programas e políticas de saúde que apoiem a prevenção desses problemas.

Neste capítulo, o seu nível de consciência, autoconhecimento e conhecimento aumentaram bastante, e as perguntas desse teste podem trazer sentimentos e sensações guardadas ou não vistas por muitos e muitos anos, mas também traz consigo a possibilidade de um mergulho maior em sua história de vida e autoconhecimento.

O conhecimento que esses estudos nos trazem somado à tomada de consciência e ao autoconhecimento formam a base do que chamo de tripé da Educação Neuroconsciente, que mencionei na introdução deste livro.

Com esses três pilares, somos capazes de ressignificar, tratar e curar nossas feridas emocionais, que podem ou não estar impactando negativamente nossa vida de alguma forma. O mais importante aqui é termos a certeza de que existe um novo caminho a ser trilhado que nos leva ao amor, ao perdão, ao entendimento profundo de nossa vulnerabilidade e biologia humana. Somos seres errantes, falhos, mas com uma grande capacidade de aprender, nos modificar e evoluir.

E, assim, podemos escolher nos curar e curarmos uns aos outros.

Capítulo 9

# COMO OS PAIS INTERPRETAM A PRÓPRIA INFÂNCIA IMPACTA A FORMA DE OLHAREM PARA OS FILHOS

*"O melhor preditor da segurança de apego de uma criança não é o que aconteceu com seus pais quando crianças, mas, sim, como seus pais entenderam essas experiências da infância."*
*Daniel J. Siegel, Mindsight:*
*The New Science of Personal Transformation.*

A tomada de consciência é o primeiro passo para percebermos como nossas atitudes estão impactando a nossa vida e a vida daqueles que amamos. É fácil viver no "piloto automático", fingindo que está tudo bem, que "eu mando aqui e meu filho obedece". Mas e quando os problemas começam a surgir? E quando você percebe que tudo que aprendeu sobre educar não está fazendo sentido ou "funcionando" como gostaria?

Como diz o ditado, "se não aprendemos pelo amor, aprenderemos pela dor", mas somos seres humanos dotados de um cérebro altamente potente, e já vimos neste livro que nosso cérebro aprende melhor quando existe apoio, segurança física e emocional, porém nem sempre temos essa oportunidade de escolha na vida. Muitos não tiveram, em suas infâncias, a oportunidade de aprender a fazer boas escolhas, a confiar e aprender pelo amor, mas, sim, pela dor e, assim, seguiram experimentando a vida por longos anos, repetindo o padrão aprendido e muitas vezes sofrendo sem conseguir mudar.

Quando não fazemos as mudanças necessárias pelo amor, a dor acaba batendo a nossa porta cedo ou tarde e o jeito é usá-la como alicerce para a mudança que desejamos fazer. Como pais, não conseguirmos mudar nossa forma de agir sozinhos, precisamos da ajuda de um livro, de um amigo, de um terapeuta, de um curso ou de alguém com mais conhecimento para nos mostrar outras formas diferentes de agir.

Para fazer escolhas e mudanças, necessitamos estar conscientes de que existem opções e, principalmente, de perceber que a forma pela qual estamos agindo pode não ser a melhor. E após essa tomada de consciência, temos a opção de escolher continuar agindo da mesma forma automática de sempre ou de buscar aprender o que ainda não sabemos sobre nós mesmos e nossas relações.

Somos seres sociáveis e aprendemos muito do que sabemos sobre nós e o mundo por meio de nossas primeiras relações na vida. Levamos muito tempo para perceber que existem diferentes formas de se relacionar e de ver o mundo, mas até que isso aconteça, já sofremos um bocado no caminho.

Simplesmente pelo fato de que a maioria de nós não recebeu o apoio emocional que precisava para enfrentar as dificuldades e desafios que surgiram durante a infância. Tivemos que desenvolver, por conta própria, recursos internos para sobreviver à solidão, à incompreensão e ao desamparo experimentados nessa fase da vida.

E, nessa caminhada de aprender a ser forte, criamos narrativas sobre o que nos aconteceu quando éramos ainda uma criança.

## NARRATIVA DE VIDA E OS FILHOS

Essa narrativa que fazemos sobre a infância impacta a forma como percebemos as relações e o mundo ao nosso redor. E a interpretação dos pais sobre as próprias infâncias impactará a forma como olharão e criarão os seus filhos.

Os cientistas chamam isso de narrativa de vida. E quando essa narrativa que os pais fazem de sua própria história é saudável e coerente, eles transmitem essas ferramentas saudáveis para as próximas gerações, que, por sua vez, as transmitirão para a próxima.

Mas também pode acontecer o contrário, o indivíduo pode fazer uma interpretação muito negativa de tudo que viveu durante sua infância, devido ao tipo de ambiente e relacionamentos vividos, também repassar muita raiva e agressividade para a próxima geração.

Talvez essa narrativa negativa tenha sido necessária para que você se mantivesse forte, seguro e no controle de sua vida, mesmo que de forma desafiadora e superficial, mas suficiente para que pudesse seguir em frente.

A questão é que, quando nos tornamos pais, essa narrativa que criamos para sobreviver precisa ser revisitada com muita verdade, pois impactará diretamente na forma como nos relacionamos com nossos filhos.

Não é o que de fato aconteceu na infância, mas como você interpretou o que lhe aconteceu que impacta sua visão da vida e a forma como se relaciona consigo, com o mundo e especialmente seus filhos.

Por isso é comum acontecer de irmãos, filhos dos mesmos pais, possuírem memórias e interpretações diferentes sobre o mesmo fato.

Isso também é um dos fatores que explicam por que um irmão pode ficar traumatizado e o outro não, diante da mesma experiência. Cada um interpreta a situação de uma maneira individual e única.

Compreender nossa narrativa de vida, aceitá-la e a ressignificar é essencial para criarmos relações humanas mais saudáveis. Disso se trata o processo de se curar e de se reeducar emocionalmente, é sobre olhar para o que nos aconteceu, aceitar, ressignificar e sermos capazes de seguir adiante construindo uma perspectiva positiva de presente e futuro, independentemente das dores experimentadas no passado.

Dessa forma, contribuiremos para a criação de indivíduos que sabem cuidar de si mesmos e que encontram significado nos relacionamentos com outras pessoas, em vez de indivíduos que ainda perpetuam as cicatrizes de gerações passadas.

É aí que a narrativa de vida entra no cenário com o objetivo de quebrar o padrão negativo aprendido e liberar o "fardo pesado" que muitos pais carregam de experiências vividas em suas infâncias, proporcionando um caminho saudável e sustentável para as próximas gerações.

> A maneira como nos sentimos em relação ao passado, nossa compreensão de por que as pessoas se comportaram daquela maneira, o impacto desses eventos em nosso desenvolvimento até a idade adulta, tudo isso é o material de nossas histórias de vida... As respostas que as pessoas dão a essas perguntas fundamentais também revelam como essa narrativa interna – a história que elas contam a si mesmas – pode estar limitando-as no presente e também fazendo com que elas transmitam aos filhos o mesmo legado doloroso que marcou seus primeiros dias...
> 
> Se, por exemplo, seu pai/mãe teve uma infância difícil e não conseguiu entender o que aconteceu, é provável que ele ou

> ela transmita essa dureza para você – e você, por sua vez, corre o risco de transmiti-la a seus filhos. No entanto, os pais que tiveram um momento difícil na infância, mas que entenderam essas experiências, tiveram filhos que estavam firmemente ligados a eles. Esses pais pararam de transmitir o legado familiar de apego não seguro... A narrativa de vida é a maneira como colocamos nossa história em palavras para contá-la à outra pessoa. É a história que contamos quando olhamos para quem somos e como nos tornamos a pessoa que somos. Nossa narrativa de vida determina nossos sentimentos sobre nosso passado, nossa compreensão de por que nossos pais se comportaram como se comportaram, e nossa consciência de como esses eventos afetaram nosso desenvolvimento na vida adulta. (SIEGEL, *The whole brain child*).

Uma narrativa de vida coerente com nossa história e verdade traz benefícios como:

- Entender e reconhecer como nosso passado contribuiu para nos tornar quem somos e o que fazemos;
- Ter poder de escolher o que queremos passar para nossos filhos e o que não queremos passar;
- Agir conscientemente e ter a oportunidade de sermos pais de uma forma mais consciente e empática;
- Dar sentido aos nossos próprios comportamentos como pais.

Quando temos uma narrativa de vida incoerente e que segue nos ferindo sem ter sido revisitada e ressignificada, corremos o risco de agirmos de forma reativa e defensiva com nossos filhos. E acabamos passando para eles, mesmo que inconscientemente, o mesmo legado doloroso que afetou negativamente nossos primeiros anos de vida.

Vou deixar um exemplo real da minha vida para ilustrar como isso acontece na prática.

Minha mãe foi a irmã mais velha de sete irmãos e teve uma infância muito difícil, sem afeto, sem poder ser criança e tendo que cuidar deles como se fosse uma mãe. Ela foi duramente cobrada e castigada durante muitos anos pela minha avó diante de qualquer erro que cometia. E, por conta de todas suas dores de infância, ela se tornou uma adulta com muitas questões emocionais mal resolvidas.

Quando eu era uma criança, me lembro de não ter recebido da minha mãe a atenção, o acolhimento e o cuidado que eu gostaria. Ela era distante emocionalmente e eu interpretei que precisaria ser perfeita para que ela me amasse. Então me tornei aquela filha que não queria dar trabalho e, ao não demonstrar que precisava dela, sua atenção acabava sendo toda voltada para os meus irmãos menores que pediam tanto sua atenção.

Quando eu ficava triste, simplesmente segurava aquela emoção, pois interpretei que, se chorasse, minha mãe não me daria o apoio que precisava, pois estava muito ocupada com meus irmãos mais novos. Então aprendi que chorar não era válido, e que eu deveria ser forte, e assim passei muitos anos me protegendo com um "escudo", mantendo uma distância segura do outro e com medo de sentir.

Enfrentei medo de escuro sozinha porque, quando eu ia para o quarto dos meus pais à noite, minha mãe me pedia para voltar ao meu. Esse medo não acolhido se transformou em trauma e eu dormi com uma luz acesa no quarto até os meus 30 anos de idade.

Esses foram fatos que eu vivi, mas eu os interpretei de maneira equivocada. Cresci achando que minha mãe não me amava, que eu não era merecedora de amor e que deveria ser perfeita para conseguir que alguém se aproximasse de mim. Essa era a minha narrativa de vida. Uma menina que não havia sido amada o suficiente pela mãe e que, portanto, estava fadada a não ser amada por ninguém.

Durante minha jornada de autoconhecimento, tive a oportunidade de olhar para essas memórias com outro olhar. Pude perceber que minha mãe sofria muito por suas questões de infância nunca revisitadas ou compreendidas. E por não conseguir se conectar emocionalmente consigo ou com o outro, não se abastecia do amor que ela tanto precisava e merecia para ajudá-la se curar de suas feridas emocionais.

Quando entendi o impacto de sua infância, na mãe e mulher que havia se tornado, pude aceitar que ela me deu apenas o que tinha para dar. E que mesmo com tantas limitações emocionais em sua vida, eu havia sido desejada, amada e querida da maneira que ela conseguia sentir e demonstrar.

Esse novo entendimento de como minha mãe se relacionou comigo durante a minha infância me trouxe um grande sentimento de compaixão e aceitação. Entendi que o que havia passado não tinha como ser mudado, mas que o meu presente e futuro podiam ser transformados a partir do meu novo olhar para a minha história de vida.

Ressignifiquei o medo e a dor e os transformei em coragem, esperança e amor. Saí do lugar de vítima para escrever uma narrativa de vida forte e benigna, decidindo construir uma família amorosa e emocionalmente saudável a partir de mim.

Essa mudança na percepção da minha narrativa de vida me permitiu dar aos meus filhos o afeto e atenção que não recebi, mas que eles tanto precisavam e mereciam. E isso cura. Dar o que não recebemos, nos cura.

Claro que quanto mais cedo melhor, mas nunca será tarde para mudarmos o que não está bom. Se você fizer as pazes com o seu passado ferido, terá a possibilidade de exercer seu papel de pai ou mãe com muito mais consciência, empatia e amor.

Importante lembrar que não existe perfeição. Você, provavelmente, já está dando o seu melhor da maneira como consegue e não importa o quanto nos esforcemos para agir positivamente na vida dos nossos filhos, cometeremos erros e eles ainda enfrentarão inúmeros desafios no caminho. Isso faz parte da vida.

O que temos em mãos é o poder de dar nosso amor incondicional, força, presença emocional, e passar importantes valores de vida, independentemente do que aconteça. E ainda que não tenhamos a certeza do que eles farão de suas vidas no futuro, a base forte recebida os acompanhará, aonde quer que o destino os leve.

## A NEUROBIOLOGIA POR TRÁS DA REJEIÇÃO - NÃO LEVE O COMPORTAMENTO DO SEU FILHO PARA O LADO PESSOAL

Em meu trabalho com os pais, é muito comum escutar queixas como "meu filho está fazendo isso para me atacar", "ele ficou bravo e disse que me odeia", "minha filha adora me testar".

A questão é que se relacionar e educar uma criança é uma experiência profundamente emocional e visceral, por isso muitos pais acabam levando os comportamentos de seus filhos para o lado pessoal.

Quando levamos as coisas para o lado pessoal, ativamos o nosso sistema límbico, que está diretamente conectado ao nosso coração e ao resto do nosso corpo. E então fortes emoções são disparadas, fazendo com que nos sintamos no centro do mundo e do problema, e isso desperta nosso ego como se tudo fosse sobre nós ou a nosso respeito, e não é.

Nossos filhos possuem a necessidade básica humana de serem vistos, aceitos e compreendidos, então é sobre eles. É sobre olhar para seus pensamentos e sentimentos. É sobre parar para ouvir suas dúvidas e opiniões em formação. Quando descemos do pedestal de que tudo é sobre nós, abrimos a oportunidade de nos conectarmos com eles com uma humanidade talvez nunca experimentada.

Esse tipo de reação é mais comum nos relacionamentos com as pessoas que amamos e que são importantes para nós. E nossos filhos são. Então corremos o risco de termos nosso sistema límbico disparado diante das falsas ameaças que identificamos nas reações deles.

Estudos recentes com neuroimagem demonstraram que o sentimento de rejeição ativa a mesma área do cérebro de quando sentimos dor física, ou seja, tanto a dor emocional quanto a dor física são processadas de formas similares em nosso cérebro, e uma das principais partes do cérebro envolvidas nesse processo é o córtex cingulado anterior.

Essa também é uma parte do cérebro envolvida na supressão da dor emocional, e inclui o processo de dissociação, na qual o córtex cingulado anterior dorsal é "desligado", ajudando a aliviar a dor. Essa também é a maneira como crianças "desligam" as dores emocionais diante de pais agressivos ou punitivos e podem realmente se comportar com um desligamento emocional da situação, como forma de se protegerem.

## O MEDO DA REJEIÇÃO SOCIAL

O medo da rejeição é algo presente no ser humano, mas não é vivenciado da mesma forma por todos, uns sentem mais, outros menos, mas todos nós, como seres que vivemos em sociedade, conhecemos a força dessa emoção.

Traga à sua memória um momento em que alguém que você conhecia ou gostava o ignorou. Ao descrever como essa experiência fez você se sentir, termos como "magoado", "desprezado", "ressentido" e "com o coração partido" podem vir à sua mente.

Quase todo mundo já experimentou a dor da rejeição social, seja na forma de amor não correspondido ou na forma de punição, como, por exemplo, quando os pais batiam ou castigavam. Na última década, inúmeras pesquisas experimentais foram feitas para investigar os efeitos prejudiciais da rejeição social no ser humano.

> O desejo de conexão social está entre as motivações humanas mais básicas. Esse desejo é tão forte que se tornou conhecido como uma necessidade, especificamente a "necessidade de pertencer". (BAUMEISTER & LEARY, 1995).

> Todas as pessoas em todas as culturas, pelo menos em algum grau, têm uma necessidade inata de formar e manter relacionamentos interpessoais. Essa necessidade provavelmente se desenvolveu ao longo da história evolutiva, pois animais sociais como os humanos sempre dependeram de outros para sobreviver. Nos tempos antigos, os grupos ofereciam uma variedade de vantagens aos seus membros. (AXELROD & HAMILTON, 1981; BARASH, 1977; BUSS, 1990).

Tais vantagens incluem compartilhar alimentos, moradia, e ajudar a cuidar da prole. Tarefas necessárias para a sobrevivência nos tempos antigos, como caçar grandes animais ou manter a vigilância contra predadores, eram mais bem realizadas pela cooperação do grupo. Ainda hoje, dependemos uns dos outros para sobreviver, pois a maioria de nós não planta a própria comida, não fabrica as próprias roupas e não constrói as próprias casas.

A rejeição serviu uma função vital em nosso passado evolutivo. Em nosso passado de caçadores, ser excluído de nossas tribos era como uma sentença de morte, já que era improvável que sobrevivêssemos por muito tempo sozinhos. A seleção natural favorece aqueles que estão motivados a serem incluídos e formar grupos, pois essas pessoas têm maior probabilidade de sobreviverem e reproduzir.

A alegria que as pessoas experimentam ao satisfazer suas necessidades de pertencimento em um ambiente de grupo, bem como as consequências que enfrentam quando seu estado de pertencimento é frustrado, devem funcionar como fatores motivadores para evitar a exclusão social e buscar conexões e relacionamentos.

Se a necessidade de pertencimento não for satisfeita, as pessoas sofrem uma série de consequências físicas e psicológicas. A exclusão social frustra a necessidade de pertencimento, pois é diretamente contrária ao estado desejado de aceitação social.

A exclusão leva as pessoas a sentirem dor social, da mesma forma que uma lesão leva as pessoas a sentirem dor física. Consequências adicionais da exclusão social incluem deficiências no funcionamento cognitivo, aumento do comportamento agressivo, comportamento autodestrutivo e déficits de autorregulação.

A exclusão social leva a déficits cognitivos que prejudicam especificamente a lógica e a capacidade de raciocínio, potencialmente devido à necessidade de dedicar os próprios recursos de autorregulação para sufocar o sofrimento emocional causado pela exclusão social.

Agora, sabendo disso, você consegue compreender a origem do seu medo de ser julgado ou rejeitado por outros pais quando seu filho se joga no chão e faz uma birra no meio do shopping. Nesses momentos, precisamos nos lembrar de que o medo da rejeição e do julgamento não pode ser maior que nossa vontade de apoiar, amar e educar os nossos filhos.

## IMPACTO DA EXCLUSÃO SOCIAL NO AUTOCONTROLE E REGULAÇÃO EMOCIONAL

A dor da rejeição social pode impactar o controle dos impulsos e as escolhas de um indivíduo ao longo da vida, devido ao impacto negativo que a exclusão social tem na autorregulação.

Sentir-se desprezado causa uma cascata de consequências emocionais e cognitivas no indivíduo. A rejeição social aumenta a raiva, a ansiedade, a depressão, o ciúme e a tristeza. Reduz o desempenho em tarefas intelectuais difíceis e, também, pode contribuir para a agressividade e o controle deficiente dos impulsos.

> Em uma pesquisa feita por psicólogos sociais nos Estados Unidos, os participantes que foram informados de que acabariam sozinhos mais tarde na vida, em comparação com aqueles que foram informados de que teriam muitos amigos, foram menos capazes de beber uma bebida saudável, mas com gosto ruim. (BAUMEISTER *et al.*, 2005).
>
> Os participantes que foram excluídos por serem informados de que ninguém em um grupo queria trabalhar com eles comeram mais biscoitos em um exercício de teste de sabor do que aqueles que foram informados de que todos em um grupo queriam trabalhar com eles. (BAUMEISTER *et al.*, 2005).

A autorregulação é fundamental para superar os próprios impulsos. A diminuição da capacidade de comer alimentos saudáveis, apesar do sabor, bem como a superação do desejo de comer alimentos não saudáveis e ignorar as distrações, são os principais exemplos de falha na autorregulação.

Assim esses estudos indicam que os participantes que acabaram de vivenciar a exclusão social são relativamente mais relutantes ou incapazes de se autorregular efetivamente. Eles são capazes de autorregulação, mas normalmente não estão inclinados a fazer um esforço para lidarem com suas emoções, e são mais propensos a se envolverem em comportamentos contrários aos seus próprios interesses e acabam comendo mais do que gostariam, se preocupando menos com a própria saúde ou buscando alívio em vícios em álcool, drogas, comida ou pornografia.

A rejeição também impacta o indivíduo fisicamente. As pessoas que rotineiramente se sentem excluídas têm pior qualidade do sono e seus sistemas imunológicos não funcionam tão bem quanto os de pessoas com fortes conexões sociais.

> As pessoas rejeitadas são mais propensas do que as outras a se comportarem de forma agressiva (Buckley, Winkel, & Leary, 2004; Twenge, Baumeister, Tice, & Stucke, 2001).

Elas são menos propensas a agir em ações pró-sociais que demandam empatia e proximidade com o outro. Isso explica também porque uma criança que se sente rejeitada em casa tende a ficar mais agressiva com seus familiares, amigos ou na escola. A criança que se sente rejeitada na escola, também pode ficar mais agressiva em casa.

Muitas vezes, ela não percebe ou não compreende seus sentimentos, mas os pais munidos desse conhecimento podem ajudar seus filhos a desenvolverem uma boa autoestima, a confiarem em si mesmos, focando em criar um relacionamento de proximidade, conexão e com espaço para que a criança desenvolva a autonomia e a autoconfiança dentro da família todos os dias.

### Atitudes dos pais que ajudam a desenvolver essas habilidades:

- Deixar a criança fazer, por si, o que já é capaz de fazer sozinha;
- Confiar em sua capacidade de realização;
- Evitar a superproteção;
- Dar espaço para a criança errar, treinar e acertar sem intervir ou julgar;
- Diminuir críticas e comparações;

- Não usar castigos, ameaças ou qualquer forma de abuso físico ou emocional.

## AMOR E MEDO – DUAS EMOÇÕES QUE IMPACTAM A PRODUÇÃO DE HORMÔNIOS E NEUROTRANSMISSORES NO CORPO HUMANO

O medo é fonte de tudo que aprisiona e nos impede de viver a maior manifestação do ser humano, o amor. Onde existe amor, existe muita vida, força, segurança e confiança. O medo nos afasta do amor e da segurança emocional tão necessária à nossa saúde mental e física.

Como diz a frase de Ernesto Mallo:

*"Não amar por medo de sofrer é como não viver por medo de morrer."*

A questão é que amar não é sofrer, muitos desenvolveram essa crença na infância porque apanhavam, sofreram abusos emocionais e físicos de quem deveria proteger amar e cuidar. Então a crença de que amar é sofrer pode começar muito cedo da vida de um ser humano.

Nas mais diversas situações da vida, temos a oportunidade de as abordar de duas maneiras: desde um lugar de medo ou um lugar de amor. Se você parar para pensar em sua vida, vai perceber que cada ação, cada decisão que toma, pode vir do amor ou pode vir do medo.

Podemos escolher encarar qualquer situação que surja em nossa vida com um olhar de amor ou com o olhar do medo. Qual você tem escolhido?

Veja os exemplos a seguir.

## IMAGINE QUE VOCÊ PRECISE PREPARAR O JANTAR APÓS UM DIA DIFÍCIL NO TRABALHO E TEM DUAS OPÇÕES PARA AGIR.

**Com base no amor**: sua atitude é pacífica e calma. Você adora cuidar da sua família e cozinhar é uma maneira de mostrar a ela o quanto é importante em sua vida. Mas seu chefe precisa de sua ajuda até fora do horário do seu expediente. E você está atrasada. Você gosta do seu trabalho e essas coisas de última hora são passíveis de acontecer, então, tudo bem sua família esperar um pouco mais para jantarem juntos. Ou você percebe que é hora de começar a procurar outro emprego, porque mesmo que entenda que acasos como esse acontecem, simplesmente não quer mais tirar o tempo disponível com sua família para ficar até mais tarde no trabalho. Além disso, você pode perceber que seus filhos já estão grandes e que podem começar a treinar e preparar uma refeição sozinhos sem sua ajuda.

**Com base no medo**: você fica até mais tarde no trabalho, porém sente raiva do seu chefe e sente medo de ser demitida. Termina a tarefa e sai do escritório "cuspindo fogo". Assim que chega em casa, começa uma briga com seu marido para descarregar toda a raiva que está sentindo do seu chefe. Seu medo é: "e se eu não for boa o suficiente para encontrar outro emprego?" ou "e se isso for o melhor que eu mereço na vida?" ou "e se meu marido não me apoiar e compreender?".
Você corre para a cozinha para preparar o jantar sentindo raiva e ressentimento por ter que preparar a comida mais uma vez para os seus filhos e marido e então preparar a refeição virou um fardo pesado, mas lá no fundo o fardo

foi causado pelo medo de perder o emprego e ao não perceber isso essa emoção chega em forma de frustração e raiva contra a família.

Quando agimos com base no amor, agimos de um lugar de verdade, compaixão e paz. Estamos conectados com nossa essência. Não significa que somos vítimas, significa que dedicamos tempo para entender o que realmente faz sentido para nós, além de nos abrirmos para compreender a perspectiva do outro com empatia.

Em vez de imediatamente culpar, atacar ou se ressentir, recuamos para ter uma visão mais ampliada do que estamos fazendo e perceber conscientemente a quem estamos impactando com nossas atitudes.

Quando agimos por medo, nos fechamos e agimos de maneira superficial. Estamos em um modo de autoproteção e, portanto, tendemos a levantar uma armadura para nos proteger ou atacar os outros a qualquer momento.

O medo traz culpa e ressentimento, criando obstáculos que nos impedem de nos conectarmos com o amor. Então, em vez de olhar e identificar o medo em uma determinada situação, imediatamente culpamos o "outro" por todos os nossos problemas.

Sim, o medo pode ser assustador, mas à medida que adquirimos o hábito de sermos honestos conosco e vivermos em um lugar de amor, e não de medo, a vida se torna muito mais fácil e feliz. Carregar tanta amargura e ressentimento é desgastante, pesado e muito cansativo.

Então, quando precisar tomar decisões na sua vida, pergunte-se: estou agindo a partir de um lugar de medo ou amor? Se a resposta for medo, vá um pouco mais fundo e pergunte a si mesmo: do que eu realmente tenho medo? Apoie-se com amor diante desse medo. Os medos são normais, mas os medos não reconhecidos podem ser tóxicos.

Ressignificar e olhar para a nossa narrativa de vida com as lentes da compaixão e do amor nos abre novas oportunidades de sentir e nos relacionarmos, de forma mais saudável, humana e segura, conosco e com o outro.

## AMOR, MEDO E NOSSOS HORMÔNIOS: COMO IMPACTAM NOSSA SAÚDE?

Ainda levando em consideração essas duas emoções, podemos nos relacionar com nossos filhos despertando o amor ou o medo. Uma educação baseada no autoritarismo foca no controle, na ameaça, na força, na manipulação, na agressividade, na necessidade de controle, no castigo, e tudo isso desperta o medo nos filhos. Se os pais foram educados na base do medo, existe grande chance de que estejam reproduzindo o mesmo com seus filhos, a não ser que ressignifiquem suas narrativas de vida e busquem autoconhecimento e conhecimento para educar e se relacionar com suas crianças.

E o medo faz com que a criança se sinta insegura, ativando seu sistema límbico, modo "luta ou fuga", e disparando seus alarmes internos devido às ameaças identificadas em seu ambiente. Quando pais e cuidadores não conseguem se conectar com o amor, acabam aumentando os danos e ferindo por meio do medo.

Quando o medo é constante, ocorre a produção de altos níveis de hormônios do estresse, como cortisol, adrenalina e noradrenalina. O cortisol faz o organismo armazenar triglicérides, uma gordura que altera a resposta dos receptores de insulina, impedindo que o hormônio se encaixe neles como deveria. Essa condição, chamada de resistência insulínica, pode levar ao diabetes na vida adulta. O hormônio ainda diminui a função dos leucócitos, nossas células de defesa, deixando o organismo mais susceptível à contaminação por vírus e bactérias.

Outro efeito negativo do excesso de tensão no organismo é a queda do desempenho cognitivo que, na criança, pode impactar o aprendizado e a concentração.

O estresse é um mecanismo evolutivo de defesa que permitiu ao ser humano se preparar para situações de confronto com predadores. Essa ferramenta ainda é útil no dia a dia social. O nosso corpo foi feito para suportar essa descarga de hormônios em momentos pontuais.

Mas quando o estresse é vivenciado de forma intensa ou prolongada, pode trazer consequências psicológicas que prejudicam a saúde da criança, como: depressão, dificuldades de relacionamento, comportamento agressivo, ansiedade, choro excessivo, gagueira, dificuldades escolares, pesadelos, irritabilidade, insônia e muitos outros sintomas.

No adulto, a exposição constante ao estresse, de maneira crônica, pode levar a uma série de complicações e, até mesmo, a comorbidades, como síndrome do pânico, depressão, hipertensão, dependência a substâncias depressoras do Sistema Nervoso (tabaco, álcool e drogas), *burnout* e diversas doenças causadas pela queda da imunidade, como alergias e infecções.

As experiências adversas vividas na infância podem aumentar drasticamente os riscos para problemas de saúde crônicos no adulto, como mencionado no capítulo sobre traumas neste livro.

Mas, por outro lado, quando somos educados com base no amor, em um lar onde os pais reconhecem que a criança está aprendendo e, portanto, comete erros, que precisa de afeto e segurança para se desenvolver bem, que precisa ser guiada e orientada com empatia e limites respeitosos, nossa saúde emocional, mental e física agradece.

O amor e a segurança estimulam a produção de hormônios do bem como dopamina, ocitocina, serotonina e endorfina. Os responsáveis por isso são os neurotransmissores mensageiros químicos enviados pelos neurônios capazes de gerar sensações como alegria, recompensa e bem-estar.

A serotonina atua no bem-estar. É o hormônio que trabalha regulando o apetite, a temperatura corporal e o ritmo cardíaco. A dopamina estimula a memória, atenção plena, humor, sono e aprendizagem.

A ocitocina é conhecida como o "hormônio do amor" e é responsável pela construção de laços de afeto, conexão e confiança. O ato de cuidar da família com afeto, por exemplo, aumenta a liberação de dopamina e ocitocina.

Ficar perto de pessoas que gostamos, abraçar, beijar e sentir a pele também estão associados com a liberação de ocitocina. É possível estimular a produção desses hormônios nas crianças, tendo mais contato físico, e tempo disponível para elas e melhorando a relação em família, pois a construção de uma base emocional forte é essencial para o bom crescimento e para o apego seguro da criança.

Ter uma rotina saudável, que inclua bons relacionamentos, escola, esportes e família, estimula a liberação de hormônios da felicidade nas crianças, o que é fundamental para seu desenvolvimento saudável.

Compreender como sua narrativa de vida tem impactado suas atitudes como pai ou mãe é essencial para que uma transformação positiva aconteça em sua família.

Capítulo 10

# EDUCAÇÃO NEUROCONSCIENTE COMO UM NOVO CAMINHO PARA EDUCAR

*"Conheça todas as teorias, domine todas as técnicas, mas ao tocar uma alma humana, seja apenas outra alma humana."*
*(Carl Jung)*

Somos seres sociáveis, com um cérebro que se conecta com outros cérebros, e o único caminho de cura das relações humanas está no entendimento de como nossa biologia impacta nossas vidas.

Sobrevivemos neste planeta ao longo de muitos anos de adaptação e, assim, seguiremos para o futuro, revendo e aprendendo sobre nosso próprio comportamento.

A tecnologia pode avançar, novos iPhones e realidade virtual podem surgir, mas nada pode substituir a nossa necessidade humana por conexão, pertencimento e amor. Esses pilares continuam sendo o caminho mais favorável de cura para a humanidade.

Não ajudaremos nossos filhos a serem pessoas de bem se continuarmos a usar a agressividade, a violência e a ameaça como formas de educar. Pessoas feridas não podem criar um mundo melhor, pois elas precisam sobreviver às suas dores, e no modo sobrevivência não somos criativos, seguros, felizes ou prósperos.

No modo sobrevivência lutamos, nos protegemos, fugimos e guerreamos uns com os outros. Vemos ameaças onde não existe. E deixamos o amor de lado para sermos dominados pelo medo. Medo de amar, de se relacionar, de prosperar, de ousar e evoluir.

As relações humanas podem ferir, mas elas também têm o poder de curar. É na conexão, na união da razão com a emoção, na regulação das emoções difíceis como a raiva, amando e aprendendo a nos relacionar com compaixão que podemos experimentar o poder de ter nossos cérebros e corações conectados, de forma segura, uns aos outros.

Transformei a palavra CURAR nas qualidades que devemos desenvolver e carregar conosco onde quer que a vida nos leve...

C – Conexão;
U – Usar a razão antes de agir;
R – Regular as emoções;
A – Amar;
R – Relacionar-se com segurança.

Importante lembrar que ainda que você tenha vindo de uma infância repleta de desafios, adversidades e incompreensão, você pode decidir mudar, ressignificar o que viveu, buscar conhecimento e autoconhecimento para aprender a fazer diferente e construir uma família emocionalmente saudável a partir de você.

## O PODER DA NEUROPLASTICIDADE CEREBRAL

A neuroplasticidade é a capacidade do cérebro de mudar e se adaptar como resultado das experiências que vivemos. Também é conhecida como plasticidade cerebral.

Plasticidade refere-se à maleabilidade do cérebro, que é definida como sendo "facilmente influenciada, treinada ou controlada". Neuro refere-se aos neurônios, às células nervosas que são os blocos de construção do cérebro e do sistema nervoso. Assim, a neuroplasticidade é quando as células nervosas mudam ou se ajustam de acordo com nossas vivências e aprendizados.

Nossos cérebros são transformados pelas experiências que vivemos durante toda a vida, mas especialmente no início dela.

A neuroplasticidade é um grande aliado para crianças que enfrentam adversidades, como maus-tratos ou pobreza extrema. Ela é mais constante e rápida durante os primeiros anos de vida. Por causa disso, as crianças pequenas podem rapidamente desaprender hábitos e rotinas negativas e substituí-los por outros mais positivos.

> Assim como eventos negativos da vida na primeira infância podem afetar a estrutura cerebral, experiências positivas podem reparar os danos causados ao cérebro e formar novos caminhos neurais que colocam a criança em uma trajetória de desenvolvimento melhor (PARRITZ & TROY, 2017).

No entanto, sem intervenções ou mudanças nas atitudes dos pais e na forma de se relacionar com suas crianças, podem haver danos difíceis de serem desfeitos e que exigirão mais esforços de longo prazo dos pais, vontade própria da criança e muitas vezes apoio profissional.

## NOSSO CÉREBRO TEM TENDÊNCIA DE FOCAR NO NEGATIVO – MUDE ESSE PADRÃO

Já perceberam como temos a tendência de focar nas atitudes negativas dos nossos filhos muito mais do que nas positivas?

A neurociência também tem explicação para esse fato. Os cientistas acreditam que o cérebro tem um "viés de negatividade". Isso acontece porque, à medida que evoluímos ao longo de milhões de anos, enfrentamos muitas ameaças, buscando comida e segurança para sobreviver. Se não conseguíssemos fugir de um predador, não haveria chances de transmitirmos nossos genes.

As experiências negativas são muito mais lembradas do que as positivas.

Ao final do dia, com seus filhos, no que costuma pensar? Nas inúmeras coisas que deram certo ou nas poucas que deram errado?

O neuropsicólogo Rick Hanson, PhD, diz que nosso cérebro é como velcro para experiências negativas, mas como Teflon para experiências positivas. Isso obscurece a nossa "memória implícita", dando a impressão de que vivemos rodeados de fatos muito negativos. E isso não é verdade, já que na maioria das vezes acontecem coisas muito mais positivas que negativas.

Diariamente, vemos o sol nascer, o sorriso dos nossos filhos, podemos experimentar a vida, nos alimentar, nos deitar em uma cama confortável, abraçar aqueles que amamos. Também temos muitas qualidades para serem apreciadas, como gentileza, bondade, determinação, alegria de viver e compaixão.

Quando focamos nas experiências negativas, nosso banco de memórias implícita naturalmente nos torna mais amargos, negativos, ansiosos e tristes.

Além disso, torna mais difícil ser paciente e atencioso com o outro.

> Na evolução, a Mãe Natureza se preocupa em transmitir genes – por qualquer meio necessário. Ela não se importa se sofremos ao longo do caminho – de preocupações sutis a sentimentos intensos de tristeza, inutilidade ou raiva – ou se criamos sofrimento para os outros. O resultado: um cérebro inclinado contra a paz e a realização. (HANSON, Rick)

Mas você não precisa se conformar com essa premissa. Ao aprender a focar no lado bom e positivo dos fatos e das pessoas, suas emoções serão impactadas positivamente por essa nova percepção de mundo.

Você ainda terá desafios no caminho, mas se tornará mais capaz de os suportar e mudar, usando seus próprios recursos internos para "encher seu copo" com coisas boas e, assim, oferecer coisas boas aos seus filhos também.

A partir do momento que começa a observar e perceber o bem, coisas boas se acumularão em sua memória implícita. No famoso ditado, "neurônios que disparam juntos se conectam". Quanto mais fizer seus neurônios dispararem sobre fatos positivos, mais se conectarão, formando novos caminhos neurais, trazendo novas sensações para seu corpo e sua vida.

Focar no bem é, acima de tudo, uma escolha e, também, uma maneira inteligente de usar a ciência do cérebro para melhorar como se sente na relação consigo e melhorar sua maneira de se relacionar com os outros. Desenvolver um olhar positivo para a vida, além de ser bom para os adultos, é ótimo para as crianças, ajudando-as a se tornarem mais positivas, confiantes e felizes.

## RESSIGNIFICANDO CRENÇAS NEGATIVAS SOBRE A INFÂNCIA

Como vimos ao longo deste livro, um dos grandes motivos da perpetuação da violência praticada na infância pelos pais na educação de seus filhos está, principalmente, na programação mental que receberam e na forma como foram tratados por seus antecedentes.

Desde pequenos escutaram seus pais, tios e avós dizendo frases que pintavam a figura da criança como alguém cruel e que precisava ser duramente tratada para não se tornar um ser humano malvado ou até mesmo um marginal.

O que muitos ainda não sabiam é que as crianças aprendem com o modelo da relação que experimentaram com os seus pais. Quantas vezes você viu seu filho repetir uma fala exatamente igual à sua e não gostou do que ouviu? Ou, então, quantas vezes viu seu filho dizer um palavrão com a mesma entonação que você também diz e se assustou com tal feito?

E não somente isso, as crianças internalizam nosso modo de ver a vida, pois convivem durante anos ouvindo frases e percebendo atitudes que demonstram os valores e crenças da família, e que acabam se tornando uma verdade para elas também, ou, pelo menos, até o dia em que elas se questionam, tomam consciência e decidem duvidar dessas crenças e mudar suas atitudes.

Mas até que isso aconteça, longos anos terão se passado e muitas dessas crianças, que agora se tornaram pais, replicarão em seus filhos o que ouviram e aprenderam com seus antecedentes.

E algumas crenças, como as listadas a seguir, permanecerão influenciando grandemente sua forma de agir:

*"Apanhei e sobrevivi."*
*"Meu filho precisa apanhar, senão vai bater na minha cara mais tarde."*
*"Não posso dar muito amor, senão vai ficar mimado."*
*"Obedeça, porque sou eu que mando em você!"*
*"Você nunca vai ser alguém."*

Esse tipo de pensamento leva os pais a agirem com seus filhos de forma agressiva, usando autodefesa o que cria uma grande desconexão emocional com seus filhos. A visão da criança sobre ela mesma começa a ficar distorcida.

*"Não sou uma boa criança!"*
*"Eu mereço sofrer."*
*"Eu não sou amada."*
*"Meus pais não gostam de mim."*
*"Eu apanho porque faço tudo errado."*

Essa autoimagem negativa causa dor e grande sofrimento emocional, e acaba sendo automaticamente replicada e repassada para a próxima geração. E por que isso acontece?

Porque 95% das nossas atitudes não são governadas pela nossa mente consciente, mas, sim, pela nossa mente subconsciente controlada pelo nosso cérebro instintivo e primitivo. Por isso que se uma pessoa diz "quero ficar rica", mas sua mente subconsciente foi programada com as crenças "você não merece nada", a chance é que essa pessoa se sabote e não consiga alcançar a prosperidade na vida.

Para quebrar isso, ela precisará tomar consciência de suas crenças e vigiar suas atitudes, pensamentos e sentimentos com muito mais energia para que possa quebrar padrões automáticos e repetitivos. Explico esse mecanismo mais profundamente no meu livro *Pais que evoluem*.

Por isso tantos pais, mesmo sabendo que bater, punir, castigar e gritar não são maneiras neuroconscientes de educar um ser humano, acabam agindo de forma que não se orgulham ou gostariam, porém isso não pode ser desculpa para não mudarmos. Vigiar nossos pensamentos e atitudes pode ser desafiador no início, mas com o tempo novas habilidades podem ser desenvolvidas e, assim, conseguimos mudar nossos padrões.

Mas agora vamos juntos ressignificar cada uma dessas frases que escutamos com tanta frequência por aí.

*"Apanhei e sobrevivi."*

Não nascemos somente para sobreviver, nascemos para viver, prosperar, sermos felizes, saudáveis e abundantes. A natureza é abundante e somos parte dela.

Você não merecia ter apanhado por ter cometido erros naturais que uma criança em processo de desenvolvimento, amadurecimento e aprendizado comete. Você não precisava ser ferido emocional e fisicamente para aprender. O cérebro humano aprende melhor no amor e na segurança física e emocional, pois o medo "desliga" a parte racional, nos fazendo entrar no modo "luta ou fuga".

Você merecia ter sido guiado e orientado com amor, respeito e empatia. Merecia ter tido suas perguntas e dúvidas respondidas. Também merecia ter tido a oportunidade de aprender com os seus erros e seguir persistindo em seus objetivos sem medo de errar. Merecia ter contado aquela ideia incrível que ninguém levou a sério porque você era "apenas" uma criança.

Você merecia ter aprendido a reconhecer, aceitar e lidar com suas emoções humanas, as boas e as desafiadoras. Merecia ter chorado e recebido um abraço de acolhimento, mesmo diante dos seus erros. Todos nós cometemos erros e como pais, ainda mais. E isso não exclui nosso direito de chorarmos e buscarmos conforto em um ombro amigo de alguém que tenha uma boa palavra de esperança para nos dar. De alguém que aceite que somos humanos e, portanto, falhos.

Porém seus pais não sabiam o que você sabe hoje, eles não tinham acesso à informação sobre regulação emocional, estresse tóxico ou sobre como seus neurônios se desenvolviam na infância, então eles apenas replicaram um comportamento aprendido sem se questionarem se estavam agindo de maneira consciente, encorajadora e positiva ou não.

Eles agiram no modo automático, replicando o caminho mais rápido, de explodir e agir de forma irracional, sem pensar nas consequências e nos danos causados por suas atitudes.

Mas você pode agora escolher quebrar esse ciclo da dor e aprender uma nova forma de olhar para a infância do seu filho.

*"Meu filho precisa apanhar, senão vai bater na minha cara mais tarde."*

Respeito se inspira, não se pede. Quantos pais batem em seus filhos gritando "você está apanhando para aprender a me respeitar!".

A questão é que não respeitamos quem nos desrespeita, respeitamos quem nos inspira, quem admiramos e, principalmente, quem nos respeita também. Meu pai nunca me bateu ou destratou, sempre me tratou com dignidade e gentileza, e ele é, sem dúvida, uma das pessoas que mais respeito nesta vida.

Bater em qualquer ser humano é errado, e em crianças também. Imagine apanhar de uma pessoa que tem duas ou três vezes o seu tamanho? E ainda pior, é apanhar por ter atitudes de quem ainda possui um cérebro imaturo e não é capaz de se comportar como um miniadulto ou, no mínimo, como seus pais gostariam.

Neste último capítulo do livro, você provavelmente já consiga perceber o grande impacto de não compreendermos como funciona nossa biologia humana. O quanto é violento agir sem compreender as premissas comportamentais básicas do ser humano.

Uma criança deseja ser amada, compreendida, e precisa ser guiada por pais que despertarão o seu melhor e não o seu pior. Limites devem ser colocados com respeito. Com validação emocional: "Filho, eu sei que você está triste e queria tomar um sorvete agora, hoje não é dia, mas no sábado iremos à sua sorveteria preferida, combinado?".

Uma criança pode passar pela dor da frustração com a ajuda de pais empáticos. A infância é repleta de limitações, frustrações e dificuldades, não precisamos adicionar uma dose extra de dor a algo que já é bastante dolorido naturalmente.

Quando uma criança apanha, é castigada e não é compreendida dentro de sua família, um sentimento de revolta, angústia e tristeza começa a nascer em seu peito. Uma grande confusão se instala, pois somos programados geneticamente para confiar em nossos pais, para nos cuidar, amar, proteger e nutrir com o amor que precisamos para nos desenvolver de forma potente e emocionalmente saudável.

Porém os pais, repetindo um padrão aprendido, cobrem seus filhos de ameaças, de chantagens emocionais, de castigos, surras, críticas e julgamentos.

Pais feridos, ferem, e uma humanidade ferida não pode criar um mundo melhor. Esses filhos que sobreviveram a uma infância vivida em um deserto emocional tendem a crescer cheios de culpa, de medo, com baixa autoestima, com sentimentos de inferioridade e não merecimento.

Saem de casa em busca da felicidade, mas passam os dias de suas vidas tendo que reconstruir suas bases emocionais, que foram completamente abaladas durante a infância. Então, em vez de esse adolescente ou adulto se preparar para alçar grandes voos, ele se prepara para cuidar de suas feridas, pois não tem como voar com as asas quebradas.

E muitas dessas crianças se afastarão, mesmo que com culpa e dor, de sua família para que possam se recuperar de suas infâncias. Não é batendo que você fará dos seus filhos pessoas de bem. É amando-os. Guiando-os com o seu exemplo de força, educação, humanidade e respeito, por si e pelo próximo.

*"Não posso dar muito amor, senão vai ficar mimado."*

É muito comum que os pais acreditem que dar amor vai deixar o filho mal-acostumado ou mimado. Mas não existe nada mais distante da realidade do que essa crença. O amor fortalece, crianças que foram amadas são confiantes, possuem boa autoestima, confiam em seu potencial e merecimento.

Amar tem a ver com ação, e não apenas com palavras. Pare para pensar nesse momento de uma cena em sua vida em que você se sentiu amado, querido, compreendido e respeitado. Essa recordação faz você se sentir como?

Fraco ou forte? Triste ou feliz?

Agora, pense em uma cena em que você foi humilhado, criticado, abusado ou desrespeitado. Você sentiu vontade de mudar positivamente? Como essa lembrança impactou seu corpo? De forma positiva ou negativa?

Passamos a vida toda buscando pelo amor, pela conexão com o outro e por aceitação porque fomos programados assim.

Nascemos para viver em sociedade e para nos conectarmos uns com os outros. Então receber amor é uma necessidade que está impressa em nosso DNA.

Quando não recebemos o amor que merecíamos e precisávamos dos nossos pais, buscaremos esse amor nos amigos, nos colegas de trabalho, em relações abusivas, em vícios e podemos acabar nos tornando mendigos emocionais ao longo da vida, implorando pelo amor e aceitação que um dia nos foram negados.

O que deixa uma criança mimada são outras razões. Por exemplo, aquele pai ou mãe ausente que troca sua presença emocional por presentes. A criança entende que receber presentes é receber amor. Isso a torna insatisfeita, porque o que ela realmente gostaria de receber era amor, toque, olhos nos olhos, mas acaba tendo seus vazios preenchidos com presentes.

Então ela, além de insatisfeita, quer sempre mais e mais coisas materiais ou que lhe tragam o prazer que não encontrou na conexão com seus pais.

Outro exemplo importante é quando os pais acreditam que a criança não sobreviverá a uma frustração ou a um choro. Os pais possuem o desejo de fazer a criança feliz 100% do tempo, mas isso não é possível. Ao não permitir que a criança lide com a frustração que sente, ou que sinta que pode sobreviver a um "não", esse pai ou mãe tira dessa criança a oportunidade de se fortalecer, de aprender nas relações, nas diferenças ou de desenvolver a habilidade de esperar para ter aquele brinquedo tão desejado.

As crianças podem chorar, podem ouvir "não", podem se frustrar, e você pode ajudá-las a passar por tudo isso com o seu apoio e não com ameaças e castigos. Mesmo colocando limites, você pode ser respeitoso, gentil e empático.

*"Você nunca vai ser alguém."*

Palavras de pai e mãe têm força. E muita. Os filhos acreditam no que escutam de seus pais. Se você chama seu filho de burro, ele acredita. Se você chama seu filho de talentoso, ele também acredita.

Infelizmente, a maioria dos pais foca no que os filhos fazem de ruim e se esquecem de olhar para o que os filhos fazem de bom. Não tardam em criticar e corrigir, mas tardam ou se esquecem de elogiar, encorajar e incentivar.

Outro ponto que entra aqui e precisa ser compreendido é a necessidade de controle latente. Crianças que foram controladas tendem a se tornar adultos controladores também.

Então se tornam pais que não abrem espaço para que seus filhos se expressem ou sejam quem vieram a ser, mas, sim, desejam encaixá-los em um molde preestabelecido por seus sonhos e expectativas irreais.

Quando seus filhos não correspondem a essas expectativas, nasce uma grande frustração e, na falta de habilidades emocionais, se transforma em agressividade e lutas constantes. E frases com críticas, ofensas e ameaças começam a fazer parte da relação em uma tentativa desesperada de demonstrar o tamanho do desamor que as atitudes do filho estão causando em seus pais.

O problema é que isso não motiva o filho a agir, mas, sim, faz com que ele se sinta incapaz, indigno, e que realmente duvide de sua capacidade de merecer o que deseja alcançar.

*"Obedeça, porque sou eu que mando em você!"*

*"Nossos filhos vieram de nós, mas não nos pertencem."*
*(Khalil Gibran)*

Nossos filhos crescerão e seguirão seu caminho e, enquanto esse dia não chega, nosso papel é prepará-los com amor, respeito, consciência, e não os castrar pelo medo e pela humilhação.

Cobrar obediência cega é uma atitude que gera muita violência nas famílias.

Queremos filhos independentes, que sabem pensar, tomar boas decisões, e que sejam resilientes e determinados, mas educamos crianças para serem submissas, obedientes e passivas. Isso é o mesmo que plantar maçãs e esperar colher peras. Não faz sentido.

## SOBRE CONDICIONAMENTO E OBEDIÊNCIA CEGA: A PARÁBOLA DO ELEFANTE COM O PÉ AMARRADO

Havia um elefante que trabalhava em um circo desde filhote e ficava amarrado em uma corda atada a uma grande árvore.

Ele lutava bravamente para se soltar, mas não conseguia, pois ainda era pequeno e sua força não era suficiente para se libertar.

Os anos se passaram e ele desistiu de tentar se soltar, pois percebeu que era em vão e se acostumou com aquela situação. Então, depois de anos, quando finalmente cortaram a corda, ele simplesmente continuava no mesmo lugar. Sem saber que poderia sair andando e se libertar.

Ele simplesmente não fugiu, porque desconhecia a sua força, desconhecia as suas capacidades. Essa parábola funciona perfeitamente como uma metáfora, para o que muitas vezes acontece nas nossas vidas. O que assumimos como incapacidades, limitações pode ser, muitas vezes, uma interpretação que fazemos do que nos aconteceu ao longo da nossa vida.

O mesmo acontece com crianças que são educadas para obedecer cegamente. Com o tempo, elas deixam de lutar pelo que sentem e acreditam, deixam de acreditar em si mesmas e passam apenas a obedecer. Obedecem aos amigos, namorados, cônjuges, e desistem de lutar pelos próprios sonhos porque acreditam que não são capazes de realizá-los.

A obediência cega, na maioria das vezes, não cria pessoas pensantes, que ousam ou que saibam resolver problemas. Então, mais tarde, os pais se perguntam: "Por que meus filhos não fazem nada sozinhos? Por que tudo eu preciso mandar? Por que meu filho não ousa mudar de emprego? Ou sair de casa para morar sozinho?".

Simplesmente porque eles foram condicionados a obedecer e esqueceram que são capazes de pensar, se "libertar" e fazer por si mesmos.

Crie filhos confiantes, capazes, que conheçam sua força, capacidade e inteligência. Em vez de cobrar obediência cega, ensine-os a pensar e a tomar boas decisões, mesmo quando você não estiver por perto. Para isso acontecer, o treinamento para desenvolver essas habilidades precisa começar desde cedo.

Temos uma inclinação natural para buscar ser autônomos. Quando uma criança quer escolher que roupa vestir, ela está buscando ter autonomia e não contrariar a vontade de seus pais. Quando ela quer tomar banho e lavar seu cabelo sozinha, ela quer sentir que consegue e não reclamar do seu jeito de lavar o cabelo dela.

Buscar ter autonomia é natural no ser humano, e muito positivo. Importante dizer que autonomia e independência são coisas diferentes. A criança depende totalmente de seus pais para sobreviver, mesmo assim ela pode e precisa desenvolver a autonomia.

Mas querer impor nossas vontades com agressividade vai contra o desenvolvimento da autonomia, pois gera ressentimento e resistência por parte da criança. Quando ensinamos a criança a pensar, a entender seus erros e a focar em solução, damos a ela a oportunidade de tomar decisões e, consequentemente, de a levar à cooperação e não à rebelião.

Precisamos sair do pedestal de perfeição e arrogância, e entender que todos somos falhos e erramos. Como pais, também estamos aprendendo e faz parte nos sentirmos perdidos em saber como agir em muitos momentos. Aceitar esse lugar de aprendiz nos torna humanos e com maior probabilidade de conexão com nossos filhos, além de perdoar e compreender seus erros da mesma forma que perdoamos e compreendemos os nossos.

Certamente, os adultos precisam guiar, direcionar e treinar seus filhos para o sucesso, mas desenvolver importantes habilidades de vida passa longe da obediência. Negociar, questionar, reavaliar são características importantes de qualquer pessoa de sucesso.

Não se trata de buscarmos perfeição. Mas, sim, de buscarmos conhecimento e autoconhecimento para aprender a errar menos. Podemos quebrar o ciclo da dor e, assim, iluminar, como uma grande lanterna, o destino das próximas gerações. Precisamos assumir a nossa responsabilidade e o poder que temos de construir ou destruir. De cuidar ou abandonar. De fazer amor ou fazer a guerra. De curar ou de ferir.

E somente quando tivermos a coragem de nos olharmos de frente, com a humildade que nos cabe diante de nossas imperfeições, seremos capazes de mudar não somente a nós mesmos, mas todo o mundo ao nosso redor. E como diz a famosa frase de Mahatma Gandhi: "Seja a mudança que você deseja ver no mundo!".

E, agora, depois de passar por todos os capítulos deste livro, acredito que você possa por si só responder à pergunta que me fiz durante tantos anos e que compartilhei na introdução: "Como entender o mundo e as relações sem entender como funciona o meu corpo primeiro?".

Não tem como.

Todos nós fomos crianças um dia e, portanto, fomos profundamente impactados, tanto física, mental e emocionalmente pelo ambiente em que vivemos e pelas relações que tivemos durante toda a nossa infância. Nossa visão de mundo foi moldada pela maneira como nosso corpo e sistema nervoso interpretaram tudo que nos aconteceu em nossa caminhada até aqui.

As experiências adversas vividas na infância podem impactar não somente nosso sistema nervoso, mas também o imunológico e muitos outros, desencadeando compulsão, vícios, depressão e muitas outras doenças.

Entender o mundo externo e a relações passa primeiramente por compreender o nosso mundo interno. Como nossos pensamentos, sentimentos e emoções impactam nossas atitudes e, portanto, nossos resultados na vida. O que comemos ou não; se dormimos bem ou não; se nos sentimos amados ou não; se temos uma boa autoestima ou não; se confiamos em nossa capacidade ou não; se cuidamos de nosso bem-estar físico e emocional ou não; se temos uma visão positiva de mundo ou não. Tudo isso molda quem somos e quem nos tornaremos.

Desejo que esse entendimento transforme a sua forma de experimentar a vida e suas relações e alcance as próximas gerações, pois, agora, como um adulto consciente, você teve a oportunidade de descobrir que EDUCAR É UM ATO DE AMOR, MAS TAMBÉM É CIÊNCIA.

# REFERÊNCIAS

ACES TOO HIGH NEWS. *What ACEs/PCEs do you have?* Disponível em: <https://acestoohigh.com/got-your-ace-score/>. Acesso em: 14 de jun. de 2022.

ACHARYA, Sourya; SHUKLA, Samarth. *Mirror neurons: enigma of the metaphysical modular brain*. Disponível em: <https://www.ncbi.nlm.nih.gov/pmc/articles/PMC3510904/>. Acesso em: 15 de jun. de 2022.

AMERICAN PSYCHOLOGICAL ASSOCIATION. *The impact of parental burnout*. Disponível em: <https://www.apa.org/monitor/2021/10/cover-parental-burnout>. Acesso em: 15 de jun. de 2022.

BAUMEISTER, Roy F.; DEWALL, C. Nathan; CIAROCCO, Natalie J. et al. *Social exclusion impairs self-regulation*. Disponível em: <https://www.researchgate.net/publication/7938685_Social_Exclusion_Impairs_Self-Regulation>. Acesso em: 5 de jun. de 2022.

CDC. *About the CDC, Kaiser ACE Study*. Disponível em: <https://www.cdc.gov/violenceprevention/aces/about.html>. Acesso em: 16 de jun. de 2022.

CHERRY, Kendra. *Harry Harlom and the nature of affection*. Disponível em: <https://www.verywellmind.com/harry-harlow-and-the-nature-of-love-2795255#toc-the-wire-mother-experiment>. Acesso em: 14 de jun. de 2022.

CHERRY, Kendra. *What tis attachment theory? The importance of early emocional bonds*. Disponível em: <https://www.verywellmind.com/what-is-attachment-theory-2795337>. Acesso em: 14 de jun. de 2022.

CHOOSING THERAPY. *Parental Burnout: Causes, Signs & How to Cope*. Disponível em: <https://www.choosingtherapy.com/parental-burnout/>. Acesso em: 15 de jun. de 2022.

CLARK, Jody. *Polyvagal theory and how it relates to social cues*. Disponível em: <https://www.verywellmind.com/polyvagal-theory-4588049>. Acesso em: 19 de jun. de 2022.

CLERMONT COUNTY. *Identifying abuse. Detecting child abuse and neglect*. Disponível em: <https://cps.clermontcountyohio.gov/identifying-abuse/#2>. Acesso em: 7 de jun. de 2022.

DELAHOOKE, Mona. *Beyond Behaviors*, 2019.

FREEZE, Christopher. *Adverse childhood experiences and crime*. Disponível em <https://leb.fbi.gov/articles/featured-articles/adverse-childhood-experiences-and-crime>. Acesso em: 12 de jun. de 2022.

GERHARDT, Sue. *Why love matters: How affection shapes a baby's brain*. New York/London: Routledge, 2015.

GRAHAN, Judith. *Children and Brain Development: What We Know About How Children Learn*. Disponível em: <https://extension.umaine.edu/ publications/4356e/>. Acesso em: 15 de jun de 2022.

GREGORY, Mary. *What does the "still face" experiment teach us about connection?* Disponível em: <https://www.psychhelp.com.au/what-does-the-still-face-experiment-teach-us-about-connection/>. Acesso em: 7 de jun. de 2022.

HANSON, Rick. *Hardwiring Happiness: The New Brain Science of Contentment, Calm, and Confidence*. Harmony, 2013.

HARRIS, Nadine Burke. *Toxic Childhood Stress*. Bluebird Books For Like, 2020.

HARVARD UNIVERSITY. *Brain Architecture*. Disponível em: <https://developingchild.harvard.edu/science/key-concepts/brain-architecture/>. Acesso em: 19 de jun. de 2022.

HARVARD UNIVERSITY. *Early Childhood Mental Health*. Disponível em: <https://developingchild.harvard.edu/science/deep-dives/mental-health/>. Acesso em: 5 de jun. de 2022.

HARVARD UNIVERSITY. *Executive Function & Self-Regulation*. Disponível em: <https://developingchild.harvard.edu/science/key-concepts/executive-function/>. Acesso em: 2 de jun. de 2022.

HUGHES, Daniel. A. et. al. *Brain-Based Parenting*. W. W. Norton & Company, 2012.

JOURNAL OF MEDICAL CASE REPORT. *What to Know About Parental Burnout*. Disponível em: <https://www.webmd.com/parenting/what-to-know-about-parental-burnout>. Acesso em: 15 de jun. de 2012.

KOLK, Bessel van der. *The Body Keeps the Score*. 3. ed. Penguin Publishing Group, 2015.

LEGG, Timothy J. *Childhood Emotional Neglect: How it can impact you now and later*. Disponível em: <https://www.healthline.com/health/mental-health/childhood-emotional-neglect>. Acesso em: 5 de jun. de 2022.

LIN, Gao-Xian. *Aiming to be perfect parents increases the risk of parental burnout, but emotional competence mitigates it*. Disponível em: <https://link.springer.com/article/10.1007/s12144-021-01509-w>. Acesso em: 15 de jun de 2022.

LIPTON, Bruce. *A biologia da crença: o poder da consciência sobre a matéria e os milagres*. 10. ed. Butterfly, 2015.

LIPTON, Bruce H. *Why is epigenetics important for parents-to-be to have an understanding of the role it plays in their developing infant?* Disponível em: <https://www.brucelipton.com/why-epigenetics-important-parents-be-have-understanding-the-role-it-plays-their-developing/>. Acesso em: 15 de jun de 2022.

MEANEY, Michael J. SZYF, Moshe. *Environmental programming of stress responses through DNA methylation: life at the interface between a dynamic environment and a fixed genome*. Disponível em: <https://www.ncbi.nlm.nih.gov/pmc/articles/PMC3181727/>. Acesso em: 7 de jun. de 2022.

MIKOLAJCZAK, Moïra, et al. *Is parental burnout distinct from job burnout and depressive symptoms?* Disponível em: <https://journals.sagepub.com/doi/10.1177/2167702620917447?icid=int.sj-abstract.similar-articles.2>. Acesso em: 17 de jun. de 2022.

MIKOLAJCZAK, Moïra, et al. *Parental burnout: What is it, and why does it matter?* Disponível em:< https://www.researchgate.net/publication/332402868_Parental_Burnout_What_Is_It_and_Why_Does_It_Matter>. Acesso em: 18 de jun. de 2022.

NEURON UP. *Sistema de Neurônios Espelho: função, disfunção e propostas de reabilitação*. Disponível em: <https://neuronup.com.br/noticias-de-estimulacao-cognitiva/neuropsicologia/sistema-de-neuronios-espelho-funcao-disfuncao-e-propostas-de-reabilitacao>. Acesso em: 7 de jun. de 2022.

OMS. *Relatório Mundial sobre Violência e Saúde*. Disponível em: <https://portaldeboaspraticas.iff.fiocruz.br/wp-content/uploads/2019/04/14142032-relatorio-mundial-sobre-violencia-e-saude.pdf>. Acesso em: 17 de jun. de 2022.

PENNEBAKER, James W.; SMYTH, Joshua M. *Opening Up by Writing It Down*. 3. ed. The Guilford Press, 2016.

PERRY, Bruce D. et al. *Childhood trauma, the neurobiology of adaptation, and "use-dependent" development of the brain: How "states" become "traits"*. Disponível em: <https://onlinelibrary.wiley.com/doi/abs/10.1002/1097-0355%28199524%2916%3A4%3C271%3A%3AAID-IMHJ2280160404%3E3.0.CO%3B2-B>. Acesso em: 15 de jun. de 2022.

PERRY, Bruce D., SZALAVITZ, Maia. *The Boy Who Was Raised as a Dog*. Basic Books, 2007.

PERRY, Bruce D. *The Neurodevelopmental Impact of Violence in Childhood*. Disponível em: <https://www.researchgate.net/publication/253039874_The_Neurodevelopmental_Impact_of_Violence_in_Childhood>. Acesso em: 9 de jun. de 2022.

PORGES, Stephen W. *Neuroception: a subconscius system for detecting threats and safety*. Disponível em: <https://static1.squarespace.com/static/5c1d025fb27e390a78569537/t/5ccdff181905f41dbcb689e3/1557004058168/Neuroception.pdf>. Acesso em: 2 de jun. de 2022.

PRESCOTT, James W. *The Origins of Human Love and Violence*. Disponível em: <http://www.violence.de/prescott/pppj/article.html>. Acesso em: 15 de jun. de 2022.

PRESCOTT, James W. *The Origins of Peace and Violence*. Disponível em: <http://www.violence.de/archive.shtml>. Acesso em: 11de jun. de 2022.

ROLSTON, Abigail; LLOYD-RICHARDSON, Elizabeth. *What is emotion regulation and how do we do it?* Disponível em: <http://selfinjury.bctr.cornell.edu/perch/resources/what-is-emotion-regulationsinfo-brief.pdf>. Acesso em: 21 de jun. de 2022.

SHONKOFF, J.P. & PHILLIPS, D.A. (orgs.). *From Neurons to Neighborhoods: The Science of Early Childhood Development*. Disponível em: <http://www.nap.edu/catalog/9824.html>. Acesso em: 15 de jun. de 2022.

SHORE, R. *Rethinking the Brain: New Insights into Early Development*. New York, NY: Families and Work Institute, pp. 16-17, 1997.

SIEGEL, Daniel. *Making sense of your past*. Disponível em: <https://www.psychalive.org/the-importance-of-making-sense-of-our-pasts-by-daniel-siegel-m-d/>. Acesso em: 1 de jun. de 2022.

SIEGEL, Daniel. *O cérebro da criança*. São Paulo: nVersos, 2015.

SIEGEL, Daniel J. BRYSON, Tina Payne. Mindsight: The New Science of Personal Transformation. In: *The whole brain-child*. Delacorte Press, 2011.

SOS CHILDREN'S VILLAGES. *Violence against children: a global problem*. Disponível em: <https://www.sos-usa.org/who-we-are/how-we-care/violence-against-children?gclid=Cj0KCQjwn4qWBhCvARIsAFNAMigdjXBdGXQi9MnNmCw6xv5XXdfCSAoZ-dWrEBp2F9c5yN1s_zoeEXYAaAtLrEALw_wcB>. Acesso em: 17 de jun. de 2022.

STEVENS, Jane Ellen. *The Adverse Childhood Experiences Study the largest, most important public health study you never heard of began in an obesity clinic*. Disponível em: <https://acestoohigh.com/2012/10/03/the-adverse-childhood-experiences-study-the-largest-most-important-public-health-study-you-never-heard-of-began-in-an-obesity-clinic/>. Acesso em: 15 de jun. de 2022.

SUPER EXHAUSTED. *Parents on the brinc: parental burnout*. Disponível em: <https://div12.org/parents-on-the-brink-parental-bur-

nout/>. Acesso em: 3 de jun. de 2022.

THE URBAN CHILD INSTITUTE. *Baby's Brain Begins Now: Conception to Age 3.* Disponível em: <http://www.urban-childinstitute.org/why-0-3/baby-and-brain>. Acesso em: 14 de jun. de 2022.

TRABUCCO, April Avey. *Perspective: How to use mirror neurons to help kids learn emotional regulation.* Disponível em: <https://www.seattleschild.com/self-regulate-how-to-use-mirror-neurons-to-help-kids-achieve-emotional-regulation/>. Acesso em: 5 de jun. de 2022.

WEAVER, Ian C. G.; MEANEY, Michael J.; SZYF, Moshe. *Maternal care effects on the hippocampal transcriptome and anxiety-mediated behaviors in the offspring that are reversible in adulthood.* Disponível em: <https://www.ncbi.nlm.nih.gov/pmc/articles/PMC1413873/>. Acesso em: 5 de jun. de 2022.

WOLFF, Nancy; SHI, Jung. *Childhood and Adult Trauma Experiences of Incarcerated Persons and Their Relationship to Adult Behavioral Health Problems and Treatment.* Disponível em: <https://www.ncbi.nlm.nih.gov/pmc/articles/PMC3386595/>. Acesso em: 14 de jun. de 2022.